鈴木 均

誘致交渉の歴史
1973―1986年

サッチャーと日産英国工場

吉田書店

はじめに

二〇一三年四月八日、イギリス初の女性首相であり、日本でも人気の高かったマーガレット・サッチャーが亡くなった。八七歳だった。二〇一二年一月に彼女の伝記映画『マーガレット・サッチャー――鉄の女の涙』（原題“The Iron Lady”）が公開され、記憶に新しい方もいるだろう。サッチャーはソ連から「鉄の女」と恐れられ、強いリーダーシップを発揮して国内改革を推し進め、内外で高い評価を獲得した。その一方で、強引な政治手法や頑なな信念に対しては、保守党内ですら反発が強かったことも事実だ。しかし保守党が政権を去った後、一九九七年五月から政権についた労働党のトニー・ブレアは、サッチャーによる改革路線を引き継いだのである。ブレア元首相は彼女の死に際し、「（サッチャーは）自国だけでなく世界の政治を変えた極めて少ない指導者だ。（彼女の行った）英国での変革は世界中でも実施された[1]」と述べ、彼女の功績の大きさに賛辞を送り、死を悼んだ。労働党や労働運動関係者の中には、彼女が在任中に福祉国家予算を徹底的に切り詰めたことにかけ、「大規模な葬儀は国家予算の無駄遣いである」という皮肉や、「サッチャーが地獄に落ちたら地獄が民営化された」「地獄の失業率が上昇した」と嫌味を言う者もいた。

良くも悪くも存在感と影響力が大きかったサッチャーだが、日本との関わりはどうだったのか。在任当時、日本のメディアを賑わせたサッチャーは、アメリカ大統領ロナルド・レーガンと中曽根康弘総理とともに、新自由主義的な規制緩和を推し進めた経済改革者としての姿であり、フォークランド紛争を乗り切った「（ナショナルな色彩が）強い指導者」であった。詳しくは序章で紹介するが、ＥＣ（欧州共同体）・ＥＵ（欧州連合）研究の文脈で伝えられた彼女は、イギリスがＥＣに対して払った拠出金が共通政策をとおしてイギリス国内に還流していないことを非難し、「我々のお金を返せ」と画期的な訴えを起こした人物である。彼女は通貨統合への参加を頑なに拒み、国家主権への強いこだわりを貫く指導者だった。これらは超国家的な地域統合や国家主権の委譲に抵抗するサッチャーの一貫した姿勢であるが、そのナラティブの中に日本が登場するのは稀であり、これまであまり論じられてこなかった。

日本とサッチャーの関わりは、果たして希薄だったのだろうか。本書が紹介するように、サッチャーは特に日系企業の経営ノウハウと技術力、輸出競争力に並々ならぬ興味を持ち、「小国」アイルランドに真っ向から対抗し、日系企業のＥＣ現地工場をイギリスに建設するよう必死に誘致したのである。[2] 七〇年代から八〇年代にかけて日欧貿易摩擦がピークに達したその時、イギリスはサッチャー政権のもとで、ＥＣ諸国の中でユニークな立場を形成し、異彩を放った。[3] 日本の輸出攻勢に対して自主規制を求め、あるいは保護主義的な制限を課そうとするフランスやイタリアの姿勢とは対照的に、（西）ドイツはこれを牽制し、ローマ条約以来ＥＣの基本原則である「自由貿易の堅持」を主張した。[4] イギリスは当初、フランスやイタリアの立場に近い立場をとり、「公正な貿易（fair trade）」を訴え、「日本による集中豪雨的な輸出は自由貿易原則の濫用である」と批判していた。イギリスは、通商産業省（以下通産省、現、経済産業省）指導のもとで輸出自主規制をする日系企業の姿勢を歓迎し、公然と対日圧力をかけるフランスやイタリアの後ろに隠れてこれを黙認した。しかしその一方でイギリスは、日系企業の工場をイギリス国内に建設するよう働きかけ、英国工場から他のＥＣ諸国へ輸出して貿易収支を改善することを目論んでいたのである。それは他のＥＣ加盟国に対する抜け駆けに近い、大胆な政治的選択であると同時に、経済的な論理にかなった「正攻法」でもあった。たまりかねたドイツ人の関係者がイギリスを「日本のトロイの木馬」と呼んだのも、無理のないことである。本書が証明するように、日系企業の拠点誘致はサッチャーの対ＥＣ経済外交の重要な礎石だった。戦後、イギリスの産業が衰退し、輸出競争力が落ち続けたにもかかわらず、サッチャーは（頑なな）自由貿易論者であり続けた。イギリス工場からの輸出と、これによる貿易収支の改善を目指す彼女の政策の中心に、日系企業の誘致があったのである。本書が描こうとする交渉の歴史であり、彼女の政策である。

サッチャーの信念を端的に表す言葉がある。

イギリスの労働者が悪いのではない。悪いのはマネジメントの欠如である。日本式のマネジメントがあれば、イギリスの工場は日本人の働く工場と同等か、それ以上に生産できる。

サッチャーが特に政権二期目以降、労働運動に対して厳しい姿勢で臨み、採算の合わない炭鉱を次々に閉山に追い込んだことを考えると、彼女がイギリス人労働者に（彼女なりの）高い期待をかけていたことは、意外に映るかもしれない。否、彼女は労働党の支持者であるイギリス人労働者の「怠業」と階級闘争的な態度を嫌ったのみならず、保守党の支持者であるイギリス人経営者の腰の重さも同時に嫌っていたのである。彼女の闘いは孤独なものであり、それを支えたのは日系企業であった。両者のつながりは不確定要素が多かったが、サッチャーの心は折れなかった。

雑貨商の家に生まれ、両親が熱心な保守党員であったことから、彼女は保守党に入党した。一九五九年に議員初当選を果たしている。彼女は一九七〇年一月から七四年三月まで続いた保守党ヒース政権のもと、教育科学相を務めた。学生時代から徹底した自由主義を信奉していた彼女は、在任中に学校給食の無償配給牛乳を廃止した。この政策は、韻を踏んで「ミルク泥棒サッチャー(Margret Thatcher, milk snatcher)」と非難された。その牛乳が美味しかったという評判を聞いたことはないが、彼女が首相就任後に進めた「小さな政府」実現に向けた財政改革を予感させるイニシアティブだった。

一九七四年に政権が労働党に移って以降、サッチャーは労働党の経済政策を徹底的に批判した。厳しい家庭環境で育ったサッチャーは、公正な競争と自助の精神を信奉し、自由貿易・自由競争こそがイギリスの強さの根幹であると信じて疑わなかった。彼女には、海軍力と自由貿易で栄えた一九世紀の大英帝国に対する郷愁があったのかもしれない。サッチャーは不振に陥った英国企業を国有化して救済・再建を目指す労働党（および保守党の一部）の「手ぬるい」方針に、強い不信感を持っていた。そんな彼女の政策や信念に合致したのが日本の輸出産業であり、自動車産業の中では日産に白羽の矢が立ったのである。

なぜ、日本企業でなければならなかったのか。フォードやプジョーをはじめ、米仏メーカーの製造拠点はすでにイギリス国内で操業していたが、サッチャーの眼にかなわなかった。同じ会社の生産拠点であるにもかかわらず、他国の工場よりもイギリス工場の生産性が低かったからだ。すでに進出している企業では問題を解決できない、とサッチャーは考えた。誘致するのは英国市場に新規参入する、最新のノウハウを持った企業でなければならない。日系企業に協力的だったからか、日本におけるサッチャーの評価はインフレ状態にある。彼女の負の側面や矛盾を明らかにすることも、本書の目的である。

他方、なぜ石原俊社長のもとで日産は英国工場プロジェクトに「固執」したのか。無論、一九八〇年代当時、日産は北米工場プロジェクトも打ち出しており、英国市場にのみ傾倒していたのではない。日産に限らず、トヨタもホンダも、グループ全体の売上げの中で北米市場が占める割合は大きく、現在も日本国内市場の売上げを上回っている。これに対し、極端な言い方をすれば、イギリスをはじめ欧州市場は「大して儲からない市場」である。なぜイギリス（および英国工場からの輸出先である欧州）で通用することに、こだわらなければならないのか。生産拠点が日本国内から海外へ次々に流出する中、日本（工場）でしか作れないモノや付加価値とは、一体何なのか。このような交渉に臨む際、何をどのように準備すればいいのか。紙幅が限られているが、考えるきっかけになれば、と願っている。

自動車産業だけではなく、研究の世界でも「市場の大きさ」は重要である。日米貿易摩擦についての研究は多く、対象分野も多岐にわたっている。しかし日欧摩擦についての研究は、日米摩擦に比べると、質はともかく、量は圧倒的に劣っている。米国経済の中で日本からの輸入が占めた割合は大きく、米国世論が沸騰したのは理解できる。しかし日本からの輸入がEC市場の中で占めた割合は、はるかに小さかった。なぜ日米摩擦と同じくらい、日欧摩擦は熱を帯びたのか。イギリスや欧州を研究したからといって、何か新しい発見があるのか。日本パースペクティブに立たなければ発見できない欧州研究の成果とは、何なのだろうか。日産にとってのイギリス（および欧州）の重要性を考えると同時に、国際関係論や欧州統合史を研究するうえで、研究対象としてイギリスや欧州を日本の視点で学ぶ重要性や意義について考えたつもりであるが、読者諸氏のご批判を仰ぎたい。

最後に、この本を執筆するにあたってお世話になった皆様に謝意を表したい。『国際政治』第一七三号の編集担当であり、この研究テーマを最初に発掘してくださった都丸潤子先生（早稲田大学、所属は当時）に感謝している。同時に、イギリス研究ではなく「欧州統合史」を専門として標榜する筆者を排斥しなかった、日本のイギリス研究者ソサエティーに謝意と敬意を表したい。本書の文責は当然筆者にあるが、ご多忙にもかかわらず草稿にお眼通しをいただいた君塚直隆先生（関東学院大学）に深く感謝している。研究発表の機会を設けていただいた庄司克宏先生（慶應義塾大学法学研究科、慶應ジャン・モネEU研究センター）、細谷雄一先生（慶應義塾大学法学部、ＥＵＳＩ）、中村英俊先生（早稲田大学、EU Friendship Week at Waseda）、石山幸彦先生（横浜国立大学、欧州統合史研究フォーラム）、勝間田弘先生（金沢大学、ＩＰＥ研究会）、Sigfrido Ramirez Perez 氏（ボッコーニ大学、Gerpisa）、およびフロアに参加いただいた皆様に御礼を言わなければならない。様々な場面で助言や励ましをいただいた諸先輩・同僚、特に田中俊郎先生（慶應義塾大学）、木畑洋一先生（成城大学）、権上康男先生（横浜市立大学）、遠藤乾先生（北海道大学）、Andrew Gamble 先生（ケンブリッジ大学）、Antony Best 先生（ＬＳＥ）、Patrick Fridenson 先生（フランス国立社会科学高等研究院）、

Tommasso Pardi氏（カシャン高等師範学校）、そして御多忙の中インタビューに応じてくださった塚本弘氏（日欧産業協力センター）に深く感謝している。

執筆に必要な一次史料の収集は、Archives of the Council of the European Union（ブリュッセル、以下ＡＣＥＵ）、The National Archives（ロンドン、ＴＮＡ）、Modern Records Centre（ワーウィック大学、ＭＲＣＷ）、法政大学大原社会問題研究所（東京、ＯＩＳＲＨ）および自動車図書館（東京）にて行った。アーキビストたちに御礼を言いたい。石原俊『私と日産自動車』を寄贈いただいたご家族に感謝している。また史料調査は、公益財団法人松下幸之助記念財団二〇一二年度研究助成、UNP-Grant（新潟県立大学）および科学研究費助成事業若手研究（Ｂ）（課題番号25780113）によって可能となった。この場を借りて謝意を表する。初めての単著を出版するにあたり、吉田書店の吉田真也氏に大変お世話になった。本書のテーマでもある地域振興について意気投合し、以来、懇切丁寧にガイドしていただいた。貴重な出会いを与えてくださった君塚先生と細田晴子氏（日本大学）にも、この場をお借りして謝意を表する。

目次

第五章　日産サンダーランド工場の開業

・本書内の引用文中における〔　〕は筆者の補足であり、（　）は原文のものである。

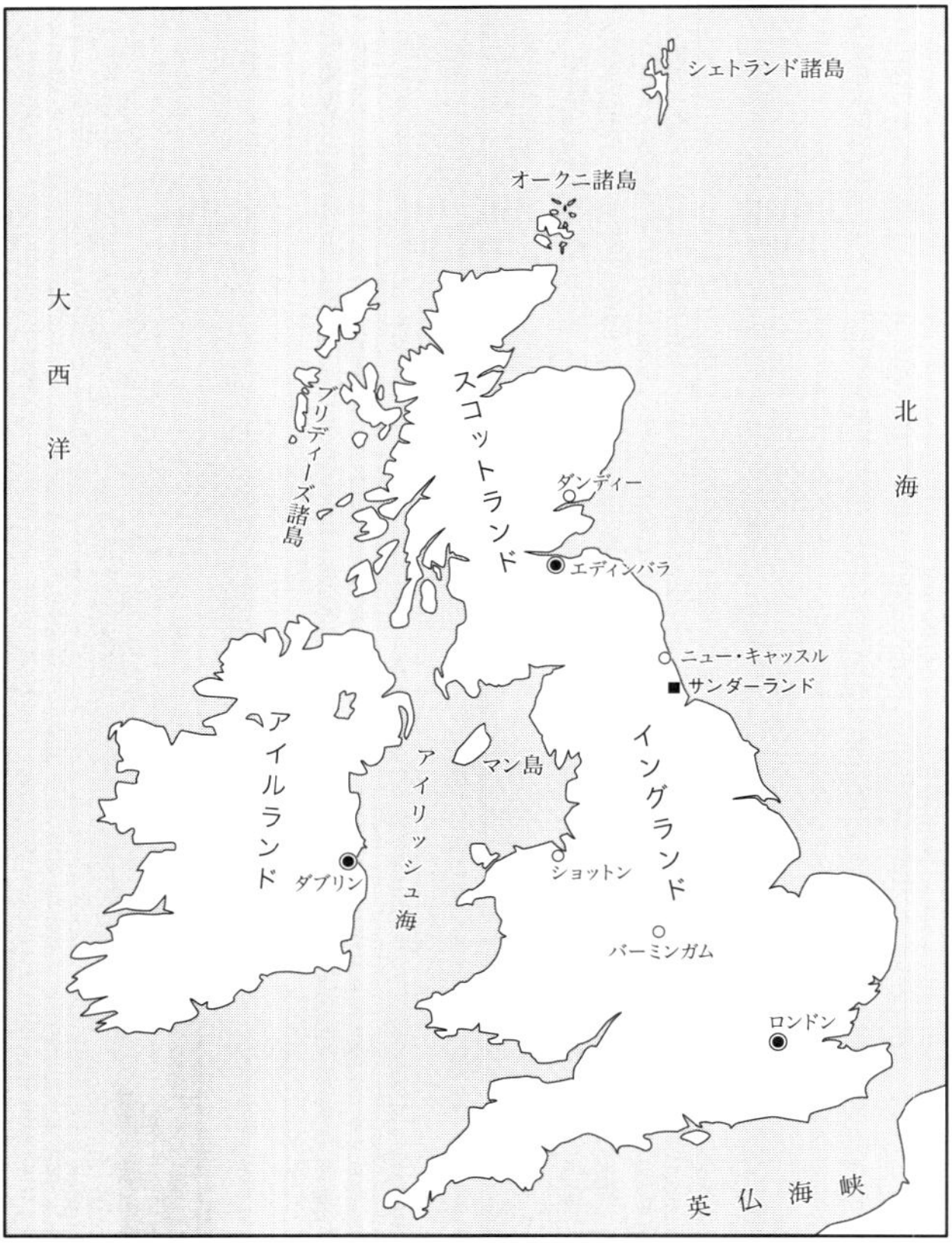
シェトランド諸島
オークニ諸島
大西洋
北海
ブリディーズ諸島
スコットランド
ダンディー
エディンバラ
ニュー・キャッスル
サンダーランド
アイルランド
マン島
アイリッシュ海
イングランド
ダブリン
ショットン
バーミンガム
ロンドン
英仏海峡

序章

日産グローバル本社

日産の英国進出

イギリスはかつて世界一の国だった。そのころ、だれが今日のみじめなイギリスを想像しただろうか。［中略］日本もいつかは、韓国とか、中東、アフリカといった国々に追いあげられ、今のイギリスのような苦しい立場におかれる時が来るかもしれない。［中略］その時、日本は今のわれわれの気持ちをはじめて理解するだろう。(1)

この寸評は日欧貿易摩擦が激しかった一九七七年六月、欧州一一カ国の記者三一名をジェトロと日本航空の共催のもとで東京に招いた際に、『フィナンシャル・タイムズ』紙のイギリス人記者が述べたものだ。(2)記者はさらに、「そのころには、再び英国にもツキがまわってくるかもしれない」と付け加えている。無論、どのような形でイギリスに「再びツキがまわってくる」のか、記者は述べていない。この発言から一〇年経たないうちに、日系企業の生産拠点がイギリス国内に建設され、そこから他のEC加盟国への輸出攻勢が始まるとは、誰が想像しただろうか。

時が過ぎ、一九八〇年代中盤に日系企業の拠点が次々に操業した後も、イギリス人の受け止め方は複雑だった。

かつてイギリス人はなぜ寛大に技術を日本に伝授したのか［中略］、なぜ日本に乞われるままに専門知識を分かち与えたのか。本来われわれの土俵であった場で日本がわれわれを凌駕するのを見てきた者としては、理解に苦しむところである。(3)

英国のストライキの件数が減少していることは資料には記録されていないが、国際的な比較をすれば英国はもはや最悪の国ではない〔中略〕。七〇年代初期のフォード〔労使〕紛争の中での最大の叫びはターゲンハム車体工場からあがり、製造部長のビル・コラルドが〔イギリス人〕労働者に対して言った「諸君にはわからないのかね」という言葉に見ることができる。幸い現在では、「われわれには理解できる」という人達のいる産業分野が〔イギリスに〕存在するようになっている。(4)

これら二つの引用は、一九八〇年代に日産をはじめとする日系企業の対英進出に携わったイギリス人が、後に回顧して述べたものだ。「理解に苦しむ」と漏らすジェンキン卿は、日系企業の豊富な技術力や経営・生産ノウハウへの感嘆と、それらをイギリスへ持ち込むことへの歓迎の意を述べつつ、独特の憂いのトーンを帯びながら両国の経済交流に賛辞を贈っている。他方、後者の引用は、英国日産自動車製造会社（Nissan Motor Manufacturing UK Ltd. 以下、英国日産）にて人事部長を務めたピーター・ウィッキンスが、イギリスの労使関係について言及したものである。彼が（自分の功績を誇る意味を含めて）イギリスの労使関係や労務管理における大きな変化を肯定的に紹介する際、国際競争力が落ちたイギリス（企業）に対する非難や落胆はなく、「われわれも日系企業で働く日本人と同じこと（あるいはそれ以上のこと）ができる」という期待と自信、あるいは気迫のようなものを感じることができる。

それまでイギリスの工場では、大勢の検査官を巡回させることで品質の向上をはかっていた。そのため、「（工場労働者が）ちゃんと仕事をしなくても検査官が直してくれる」という態度が蔓延していた。[5] いつまで経っても品質が向上しないのは、無理もない。これに対して日産は、労働者自身が自主的に知恵を出し合い、チームワークを発揮して品質向上に努める、日本式の働き方と労働運動のあり方を英国工場に持ち込んだのである。これにより、イギリス古来の労使関係や働き方から逸脱する「革命」が起きたのであり、労組のみならず英国世論も熱心に賛否を論じた。[6] 一九八〇年代当時、イギリスはおろか、対欧直接投資の中で最大の規模を誇った日産の英国工場プロジェクトは、イギリスに大きな影響をもたらしたのである。

日産による対英進出のインパクトは、イギリス国内に限定されなかった。サッチャー首相をはじめとする英国政府も、そして進出を企図する日産の経営陣にとっても、この英国工場プロジェクトは初めから対岸に位置する他のEC加盟諸国への輸出を見据えたものであった。日産の対英進出は、イギリスの対EC経済外交のみならず、ECレベルの諸政策にまで影響を及ぼしたと言える。一九七〇年代初頭以来続いた日欧貿易摩擦の中で、[7] 進出の影響は日産経営陣の意図しない次元に至るまで及んだのである。日産に続いて多くの日系企業がイギリスにEC進出拠点（現地工場）を開設したため、フランスをはじめとする大陸諸国はそれまでの保護主義的な対日措置を徐々に取り下げ、日系企業の拠点を必死に自国へ誘致するようになった。[8] 日系企業の進出が欧州委員会の自由貿易推進路線を後押しし、外的脅威として欧州産業の構造改革を促したとも言える。一九八〇年代のECは「欧州動脈硬化症（Euro-scerosis）」に陥り、悲観主義が蔓延していた。[9] 無論、日産よりも早く進出を果たしていた企業もあった。ソニー、日立、コマツ、ホンダ、YKK、日本精工など、進出の形態は様々であった。日産にとっても、初の対欧進出国はイギリスではなく、EFTA（欧州自由貿易連合）の一員、ノルウェーだった。EC加盟国がこぞって日系企業の進出を歓迎するようになった潮流の変化が、日産一社の手柄ではないことは自明である。しかし一九八〇年代当時の対欧投資の中で規模が突出し、外交の表舞台で取り沙汰された象徴的かつ先駆的な英国日産のケースは、日英関係のみならず、日・EC関係の中で一定の役割を果たすこととなったのである。

英国進出に対する分析と評価

これまでの研究成果あるいは当時のメディア報道の中で、日産の対英進出はどのように紹介されてきたのか。英国進出が取り沙汰された当時、メディアによる報道は過熱気味だった。サッチャーが一九八二年九月に訪日した際、彼女が「突然」日産経営陣、特に英国工場計画に慎重だった川又克二会長との面談を要求し、圧力をかけたことに注目が集まった。しかし川又会長とのやりとりの詳細は不明のままであった。本書ではこの時のやりとりをはじめ、交渉の全貌を可能な限り明らかにする。このような検証は、イギリス政府公文書やEU諸機関をはじめ、日英労働運動の一次史料が三〇年ルールによって公開されたことによって可能となった。本書が示すとおり、日産の石原俊社長は是が非でも対英進出を果たしたかったが、日産側の財政負担の重さを懸念する川又会長と意見を異にした。サッチャーは一国の首相であるにもかかわらず、公然と前者に肩入れして後者に圧力をかけ、進出決定を強力に後押ししたのである。

前記の一次史料公開に加え、実務当事者およびジャーナリストによる出版も相次いでおり、当時の詳細な証言が出揃い始めている。『日本経済新聞』の記者だった佐藤正明と、自動車総連・自動車労連の会長を務めた塩路一郎の著書が、最も代表的である[10]。主な注目点は、北米進出と英国進出で割れる日産経営陣の対立や[11]、労使関係がらみのスキャンダルなどである。これらの著書は日産内部の意思決定や人間関係を詳細に描いており、大変興味深く、事実関係を明らかにする意義は大きい。しかし日産の英国進出がイギリスやＥＣの政策にどのような影響を与えたのか、という掘り下げがないのが残念である。これらの本は経営史・経営研究に分類されるため、無理もないことであるが、サッチャー政権や英国経済、労働運動にとっての日産誘致の意義が十分に分析されておらず、対欧進出が通商摩擦に苦しんだ日本（企業）にもたらした意義にも言及していない。本書は特に日英の労組がどのような思惑で日産英国工場プロジェクトに関わったのか明らかにする。現場あってこそ日本国内の工場で作られた日産車と同じ品質の車を生産できるのであり、労組間交渉の果たした役割を明らかにする意義は大きい。

交渉史の中でもう一つ重要な論点は、これら最近の著書をはじめ多くの研究が、当時の日産の経営判断に対して批判的なことだ。英国進出は、一九九九年に日産がルノーの傘下で救済されるに至った「失敗の歴史」の一コマとして描かれているのである。このような分析は一理あるが、サンダーランド工場に対する現在の評価は高く、[12]日産の他の欧州拠点よりもグループ全体に対する貢献度が高いのである。失敗の歴史として描くのではなく、成功した要素についても分析する必要があるのではないか。イギリスやECにとっての日産進出の意義を考えることで、成功と失敗をバランスよく描くことができる。先陣を切って日欧貿易摩擦を緩和に向かわせた意義は大きいのである。

欧州統合史および戦後イギリス史の中で、日産の対英進出はどのように分析されてきたのか。日欧問わず、統合史研究に登場する日本は、お約束のように「摩擦から対話（協調）へ」という文脈の中で肯定的に紹介され、「見苦しい対立の時代」について新しい突っ込んだ描写はせず、現在関係が良好であることを強調する傾向がある。[13]このような記述は外交的には正しいかもしれないが、学問的・歴史研究的には十分とは言えない。自動車に注目すると、一九九一年七月三一日に発表された日・EC自動車合意についての分析や証言はあるが、[14]合意そのものが「画期的」だったことから、合意達成のみをピンポイントで分析しているに過ぎない。[15]一九七〇年代から八〇年代にかけ、イギリス国内の世論や労働運動の中で、日本への見方が徐々に変化したのであるが、これら先行研究の中ではこのような変化が十分に描写されていない。他方、日本で行われる歴史研究は日米摩擦に集中し、交渉の舞台裏や日本（企業）に対する不公平な扱いを生々しく伝えているため、必読であるが、日米交渉との対比で日欧摩擦を一部紹介しているに過ぎない。[16]日欧摩擦は日米摩擦よりも複雑な歴史をたどったのであり、イギリス、フランス、ドイツ、イタリア、オランダなど、主要国の間でも対日姿勢が品目ごとにバラバラだった。対日方針はECレベルで一致しなかったのである。史料公開を受け、日欧摩擦の歴史実証研究がこれから本格化することを期待したい。[17]

戦後イギリス外交史において、誘致交渉はどのように位置づけられるのか。保守党、労働党を問わず、イギリスの歴代政権は「気の進まないヨーロッパ人」であった点が強調される。(18) サッチャーによる拠出金返還交渉をはじめ、イギリスが通貨統合に加わらなかったことや、ＥＵの社会政策を適用除外した例（後に加入）が強調される。(19) しかし自由貿易圏としてのＥＣ・ＥＵに関して、サッチャーは「自由貿易派」のドイツが真っ青になるくらい熱心な欧州統合支持派だったことを、忘れてはならない。ドイツですらボール・ベアリングなど、自国産業にとって高度にセンシティブな品目については、ＥＣレベルでアンチ・ダンピング訴訟を起こし、対日圧力をかけていたのである。(20) 対米輸出や他のＥＣ加盟国への輸出が好調だったドイツですら、日本は脅威だったのである。

製造業が衰退を続け、貿易収支が悪化し続けたイギリスにおいて、なぜサッチャーは自由貿易に固執したのか、理解に苦しむ部分もある。彼女の固い決意は、根拠のない自信に基づいていたのだろうか。英国工場から輸出できる企業を確保するうえで、サッチャーは自国資本に見切りをつけ、その結果として日系企業の誘致が大きな役割を担ったのである。日系企業の対欧進出拠点を積極的に提供したことが理由なのか、あるいは彼女の保守然とした理念への共鳴なのか、日本における彼女の評価は高い。(21) そのような手放しのサッチャー礼賛から離れ、(22) 彼女のリーダーシップの是非や、財政切り詰めなどの国内改革と日系企業誘致政策の矛盾についても考えたい。対英投資の中でも最大規模を誇った日産のケースは、英国世論の注目度の高さも含め、イギリスの政治・経済に一定の影響を及ぼした。日産誘致が、英国の自動車関連部品サプライヤーへの梃入れに使われた、という分析もある。(23) 現地の労使関係に一定の影響を与えた点も大きい。(24) これらに加え、日系企業の対英進出はサッチャー政権の対ＥＣ経済外交を構成する重要な基礎となったのであり、日産の事例はその急先鋒として「輝かしい成功例」になることを強要され、他の日系企業の呼び水として使われたのである。交渉に時間がかかったことも、日産側の払った犠牲が大きかったことも、これで説明がつくのではないか。

最後に、日英二国間関係の研究と、日産の海外戦略についての証言・分析に目を転じよう。中でも目を引くのが、日産英国工場が開業した熱気が冷めやらない一九八〇年代末に書かれた、北東イングランドと日本の経済交流を描いた日英関係史である。[25] マリー・コンティヘルムが紹介するように、明治時代（一八六二年）以来、日本は海軍の軍艦を北東イングランドの造船所に発注し、建艦技術を学んだ。産業交流の歴史は、第二次大戦後に訪れた英国造船業の衰退とともに縮小していくが、[26] 日産をはじめとする日系企業の進出によって息を吹き返し、北東イングランドは活気を取り戻したのである。日産サンダーランド工場の立ち上げに際して三〇〇名の組立工を募集したところ、数日のうちに一万件近い応募が殺到した。[27] 日系企業は熟練労働者の失業が深刻だった地域に熱烈歓迎されたのであり、衰退したローカル経済の救世主として描かれている。このような日英関係史を参照しつつ、最新の史料や取材によって得た情報を加えながら、なぜ北東イングランドが選ばれたのか、日産誘致交渉の全貌を明らかにしたい。

本書の構成

交渉史として本書が描く時代は、イギリスがEC加盟を果たした一九七三年から、日産英国工場が生産を開始し開業した八六年までである。第一章では、交渉の前史にあたる一九六〇年代から七〇年代に注目し、日英自動車産業の戦後史を振り返る。イギリスは一九六〇年代にEEC（欧州経済共同体、後のEC）・ECへの加盟を二度も拒否されたが、この時、英国自動車産業は衰退の一途をたどっていた。イギリスが一九七三年にようやくEC加盟を果たした時、国際競争に耐えられないため国有化された自動車産業は、さらにシェアを落とした。他方、イギリスのEC加盟は日系企業に歓迎され、対欧進出拠点をイギリスに創設する企業が登場した。日系の自動車メーカーも、進出の機会をうかがい始めていた。

第二章は、日英の接近、特にエリザベス二世の訪日によって好転した日英関係に注目する。一九六四年に先進国の仲間入りを果たし、六八年にドイツを抜いて世界第二位の経済大国になった日本は、EC諸国との貿易摩擦に直面した。そんな中、女王は一九七五年五月に初来日した際、日英の産業交流の歴史を讃え、日本のモノ作りを絶賛した。日系企業の対英進出を、女王が後押ししたのである。まもなく女性初の保守党党首に就任したマーガレット・サッチャーも日本を訪れ、日産の工場を見学し、深い感銘を受けた。後に首相に就任した彼女は、就任早々、日系企業の誘致に本腰を入れた。

第三章では、首相に就任したサッチャーがどのように日産本社との接触を試みたのか明らかにする。同時に、北米進出も決行した日産側が、なぜ並行して英国進出に踏み切ったのか分析する。日産経営陣は、交渉が妥結する間際まで英国工場計画を巡って賛否が対立し、進出決定が大幅に遅れた。日産の進出を熱望する英国政府と、これに横槍を入れる他のEC加盟国政府、およびEC諸機関の関係筋の動向にも注目する。

第四章においては、英国政府と日産の交渉に加え、日英業界団体による交渉への関与と、日英労組の交渉をパラレルに描く。英国政府は日産との交渉において、補助金の給付と現地調達率（生産される車を構成するすべての部品のうち、日産工場が英国内で供給を受ける部品の割合。別名、国産率）について話し合った。英国自動車産業は日産の進出を終始批判し、英国政府の交渉ポジションに少なからぬ影響を与えたが、進出を阻止することはできなかった。英国労組は当初、日系企業の進出を否定的に見ていたが、雇用創出効果を期待して次第に歓迎へと転じ、日本側の労組と接触しつつ、日本的労使関係を容認するようになった。こうして一九八四年二月一日、日産と英国政府は合意書を取り交わし、日産の英国進出が正式決定した。工場は北東イングランドのサンダーランドに決定した。

第五章では、最後に決着した「日本的労使関係の導入」つまり単一労組協定の締結と、現地人材の確保、そして工場の操業に至るプロセスをたどる。英国工場の操業は、日産にとって一つの時代が終わる区切れ目だったと同時に、日欧貿易摩擦を緩和するうえで大きな役割を果たしたのである。日産誘致交渉の歴史が日本（企業）、イギリスの政治・経済、そしてECの発展にとってどのような意義があったのか、終章で改めて考える。

第一章
日産の海外進出とイギリス

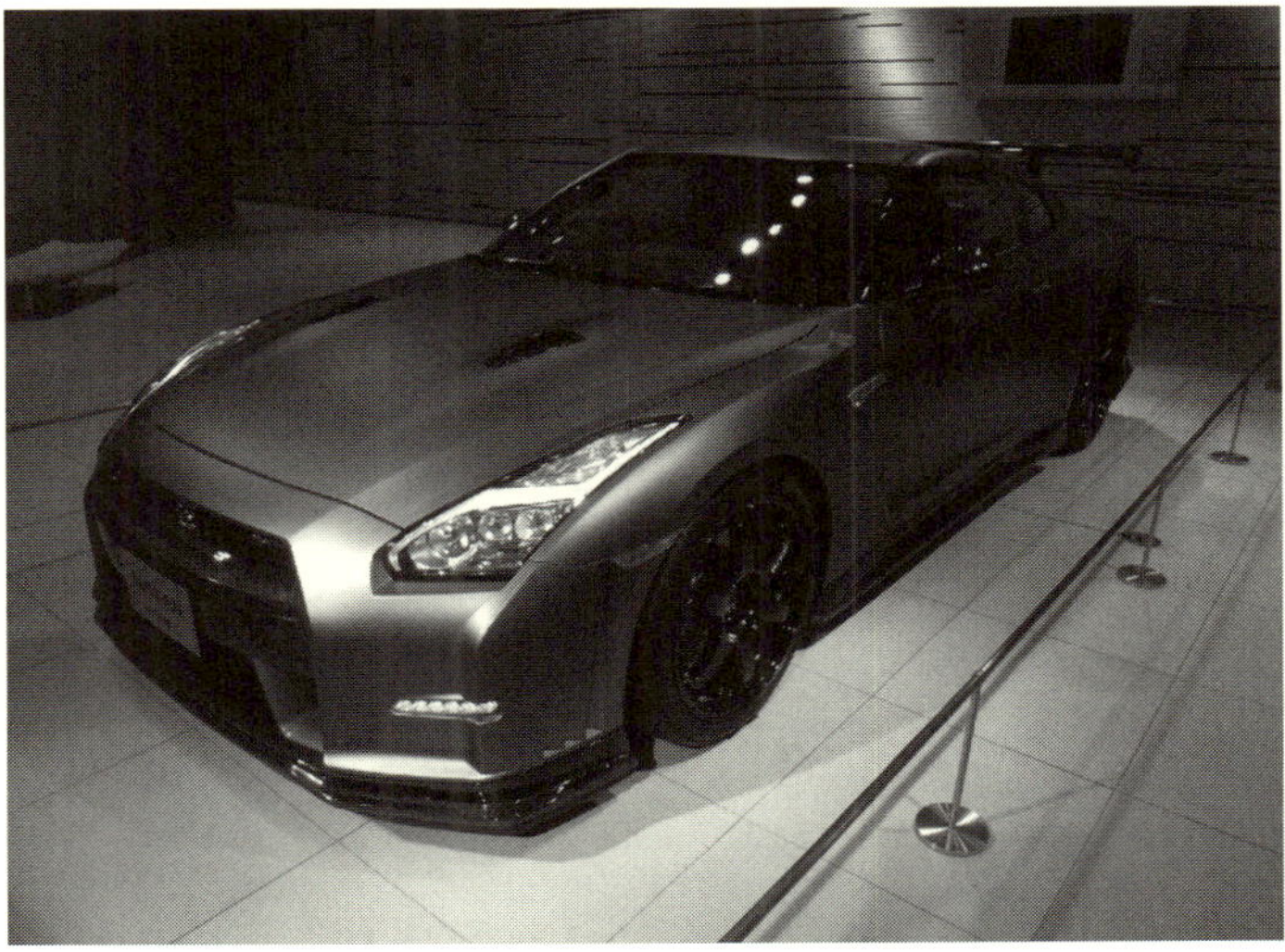

日産 GTR

日産自動車の海外進出と欧州市場、英国市場

今や一七カ国に一九の生産拠点を持ち、グローバルな年間生産台数が約四八〇万台（二〇一二年）、売上高が九兆円（同年）を上回る日産であるが、[1] 海外拠点創設の歴史は古い。『社史』によれば、一九五七年に台湾、六〇年にインドにおいて、日本から部品を持ち込んでこれを現地工場で組み立てる、いわゆるＫＤ（ノックダウン）輸出を開始していた。[2] 一九六一年にメキシコへのノックダウン輸出を開始し、六六年にはクエルナバカに自社工場を完成させ、[3] そこから北米市場への輸出を試みた。他の中南米諸国も含め、これら諸国において自動車の国産化が義務づけられたこと、つまり日本工場からの輸出が締め出されたことへの対応であった。メキシコ進出は困難を極め、多くの教訓を残すことになった。[4]

日産の欧州進出は、ノルウェーから始まった。[5] 重点は欧州向けの航路の開拓にあり、有力なライバルとなる自動車メーカーが少ない国に的を絞った。一九五九年にノルウェー向けにダットサン車をサンプル輸出し、日産はイギリスが盟主をつとめるＥＦＴＡ（欧州自由貿易連合）の一角に上陸した。ＥＦＴＡは大陸諸国によるＥＥＣ発足に対抗するため、イギリスが北欧諸国などとともに一九六〇年五月に設立した自由貿易連合である。欧州便はコストが割高だったため、日産は他社に先駆けて独自の航路を開拓して運賃を下げ、[6] ノルウェーから他の欧州諸国への輸出の足場を固めた。日本車の輸出は自動車に対する規制のみならず、様々な分野の規制を組み合わせて足枷をかけられ

日産の地域別連結売上高（上段：金額、百万円　下段：構成比、％）

	2009年3月期	2010年3月期	2011年3月期	2012年3月期	2013年3月期
国内	2,038,296	1,803,168	1,869,442	1,946,614	1,904,108
	24.2	24	21.3	20.7	19.8
海外	6,398,678	5,714,109	6,903,651	7,462,412	7,725,466
	75.8	76	78.7	79.3	80.2
米州 ＜内米国＞	2,884,262	2,593,400	2,896,143	2,998,518	3,313,296
	34.2	34.5	33	31.9	34.4
	＜－＞	<2,145,287>	<2,400,625>	<2,510,147>	<2,770,311>
欧州	1,464,299	1,112,012	1,323,716	1,517,301	1,372,970
	17.4	14.8	15.1	16.1	14.3
アジア ＜内中国＞	-	1,254,844	1,717,510	1,954,956	1,919,420
	-	16.7	19.6	20.8	19.9
	＜－＞	<960,724>	<1,305,556>	<1,418,577>	<1,231,173>
その他	2,050,177	753,853	966,282	991,637	1,119,780
	24.3	10	11	10.5	11.6
合計	8,436,974	7,517,277	8,773,093	9,409,026	9,629,574

出典：『日産自動車グループの実態　2014年版』12頁

ていた。これらを押しのけた日産の努力は徐々に実を結び、一九六二年にはフィンランドにブルーバードを七一三台輸出した[7]。

ＥＦＴＡ市場での成功をもとに日産がＥＣ市場へ進出したのは、一九六〇年代中盤に入ってからであった[8]。日産は一九六四年七月にベルギーに、次いで六六年五月にオランダにそれぞれ現地法人を立ち上げ、日本からの輸入車を販売した。外堀を少しずつ埋めることに成功し、ついに一九六八年、日産は英仏へ直接進出を果たすこととなった[9]。フランスは自動車発祥の地の一つであり、英仏は自動車メーカーをはじめ、タイヤ・メーカー大手のミシュラン（レストラン・ガイドの出版でも有名）やガラスのサンゴバンなど、部品関連産業も老舗がひしめく激戦区である。日産は一九六八年にニッサン・ダットサンＵＫにイギリスでの輸入販売権を与えた。一九七〇年一二月には現地資本のダットサンUKを設立して本格的な量販体制に移り、以降、順調に日本からの輸出実績を伸ばした。イギリスでの成功は日産の自助努力のみならず、英国メーカーの不振に助けられた側面もあった[10]。一九六〇年代後半はローレル、サニー、フェアレディを欧州向けに輸出し、一九七〇年に入るとスカイライン、チェリー、セドリックとブルーバードを加えた。日産はイギリス市場ではトヨタを抑え、日系メーカーの中で販売台数首位となった。

日産のキャッチフレーズは長く「技術の日産」であったが、同時に「輸出の日産」でもあった。今からは想像できないが、トヨタは国内市場では首位を守っていたが、海外進出においては腰の重い「三河の大名」であり[11]、日産が「銀座の通産省」と呼ばれていたことと対照的だった。なお、横浜開港一〇〇周年を前に日産本社は銀座から横浜へ移っている。後の章で紹介するように、トヨタに対する自社の優位を武器に、日産は海外進出に前のめりに突っ込んでいった。「万年二位」に甘んじるわけにはいかないうえ、次第に高まる日米・日欧貿易摩擦を前に、輸出首位のメーカーとして先陣を切って積極対応しなければならなくなった。

イギリスのEC加盟と英国自動車産業

一九七三年一月一日、イギリス、アイルランド、デンマークはEC加盟を果たした。加盟国は六カ国から九カ国に増え、ECの人口は一億九一〇〇万人（七二年）から二億五六五七万人（七三年）

日産のグローバル生産販売台数推移（上段：台数　下段：市場占有率、%）

	2009 年	2010 年	2011 年	2012 年
グローバル生産				
日本	1,025,253	1,072,590	1,198,826	1,060,157
	30.3	25.4	24.8	22.1
北米	432,725	530,876	577,618	671,748
	12.8	12.6	11.9	14
メキシコ	404,128	542,607	643,372	672,679
	11.9	12.9	13.3	14
イギリス	379,574	448,110	491,551	505,042
	11.2	10.6	10.2	10.5
スペイン	65,506	123,373	155,719	137,996
	1.9	2.9	3.2	2.9
中国	852,609	1,075,526	1,275,551	1,114,712
	25.2	25.5	26.4	23.3
その他	225,027	421,877	491,851	626,952
	6.6	10	10.2	13.1
海外合計	2,359,569	3,142,369	3,635,662	3,729,129
	69.7	74.6	75.2	77.9
全世界合計	3,384,822	4,214,959	4,834,488	4,789,286
グローバル販売				
日本（含む軽）	630,070	600,202	655,364	646,937
	17.4	14.1	13.4	13.3
北米	1,067,442	1,245,160	1,403,503	1,466,489
	29.5	29.3	28.8	30.2
欧州	508,943	607,126	713,283	659,722
	14.1	14.3	14.6	13.6
中国	854,133	1,078,621	1,283,679	1,131,042
	23.6	25.4	26.3	23.3
その他	555,335	713,395	824,950	957,018
	15.4	16.8	16.9	19.7
全世界合計	3,615,923	4,244,504	4,880,779	4,861,208

出典：『日産自動車グループの実態　2014 年版』164 頁

に増え[12]、世界貿易の三分の一を占める大きな共同体になった。フランスのシャルル・ドゴール大統領に「アメリカのトロイの木馬」と揶揄され、一九六三年と六七年に二度もＥＣ加盟を拒否されたイギリスは、ようやく「乗り遅れたバス」に乗ることができたのである。ＥＦＴＡが期待したほど経済的な成果を挙げなかったため、イギリスにはＥＣ加盟以外の道が残されていなかったのである。しかし「乗り遅れたバス」に乗れたからといって、それ以降が安泰であるとは限らない。乗るのが、遅すぎたのである。イギリスは加盟直後から様々な分野で困難に直面することになった。その一つが、自動車産業であった。

ＥＣ諸国は一九六八年に関税同盟を完成させ、域内関税を順次撤廃していた。イギリスは突如二二％の輸入車関税を失ってＥＣ市場に参入することになったのである[13]。自動車産業の輸出競争力が十分に高ければ問題なく対処できたが、英国自動車産業は一九六〇年代に衰退と危機の時代に突入していた。魅力ある車を作れず、新車販売が落ち込み、それにともなう経営悪化によって投資が停滞し、新車開発が滞り、さらに売上げが落ちる、という悪循環に陥っていた。そんなイギリスが突如、自由貿易圏であるＥＣに入ることは、英国自動車産業にとって自殺行為に等しかった。完成車の組立工場は数千人単位の労働者を雇うため、工場閉鎖は地元経済を直撃するインパクトを持つ。また、工場に部品を供給する関連産業の裾野は広い。車体や外板には鉄鋼や強化プラスチック（最近は炭素繊維）を使い、これらを塗料で塗装し、ドアにガラスを据え付け、車内にはシート（繊維または皮革）を装備し、ゴム製のタイヤを装着し、エンジンをはじめ空調など、すべての装備は電子機器で制御されている。これら関連産業の雇用規模は少なく見積もっても数万人に達するため、英国自動車産業の衰退は国益を大きく損なう事態だった。失業問題や輸入車急増に対し、世論も敏感に反応した。衰退は特に北アイルランド、スコットランド、ウェールズなどの開発地域にとり、誘致する有望企業の消滅を意味した。これら地域における世論動向を気にする政権にとっても、不況は頭痛の種であった。事態は、深刻だった。

英国メーカーの衰退

イギリスがECに加盟する前、すでに英国自動車産業の衰退は始まっていた。戦後、英国メーカーは大陸諸国の高い関税障壁を嫌い、英連邦向けの輸出に専念していた[14]。しかし欧米諸国の貿易自由化が進む中で、帝国特恵関税の意味は薄れ始めていた。巨大な規模を誇る米国メーカーに対し、英国メーカーは細分化され過ぎ、規模が小さかった。そこで労働党のウィルソン政権は、政府が企業間の合併を積極的に仲介して巨大メーカーの創出を試みた[15]。こうして、傘下にローバーとスタンダード・トライアンフを擁するトラック・メーカーのレイランドと、人気車Miniを生産するオースチン・モーリスをはじめ、ジャガーなどを傘下に擁するBMH（ブリティッシュ・モーター持株会社、ジャガー買収前はBMC）との間の合併が模索された。一九六八年一月に交渉がまとまり、五月にBL（ブリティッシュ・レイランド）が誕生した。

こうして「念願の」巨大メーカーBLが労働党政権主導で発足したが、問題が山積していた。BMHもレイランドもともに、それまで合併して傘下に組み入れてきた複数企業を完全に一つに社内融和できていない状態のまま、漫然と経営していた。そのような寄り合い所帯のＢＭＨとレイランドをさらに合併してしまったため、ＢＬは完成車を組み立てる工場、従業員、商品ラインアップに大幅な重複があり、大胆に合理化しなければならなかった。合理化しなければ、期待された経済性を得られないリスクを背負っての船出だったのである。[16] ＢＬはジャガーＸＪ６やローバーＭｉｎｉ、レンジ・ローバーなど、売れ行き好調な人気車種を複数持ち、一定の販売実績を確保していた。しかし企業規模に比して人気車種がニッチ過ぎ、十分な収益を確保できなかった。致命的だったのは、徹底的な合理化を進めることができる人材がいなかったことである。[17] 現場と経営の息がまったく合わず、一九七〇年代に入るとＢＬの業績は低迷を続けた。このような危機的状況に重なって起きたのが、イギリスのＥＣ加盟と第一次石油危機だったのである。

経済、産業、貿易を管轄する貿易産業省の危惧したとおり、[18] 一九七三年のＥＣ加盟直後、ルノーをはじめフランス、ドイツ、イタリアからの輸入車が英国市場に殺到した。[19] あっと言う間に登録車の過半数が外国産になってしまい、[20] その後もシェアを伸ばし続けた。北米資本のフォードは、労使紛争によって失われた英国工場の出荷分をドイツ工場から輸入して販売台数を維持したため、英国内の売上げの半分がこうした「輸入車」に支えられた。[21] 貿易産業省は「異常事態である」と危機感をつのらせたが、保守党ヒース政権は有効な国内政策を打ち出せなかった。一九七三年末に起きた第一次石油危機がさらに追い打ちをかけ、英国メーカーの衰退に拍車がかかった。英国製の自動車が売れないだけでなく、石油の供給不足と物価上昇により、製造国を問わず自動車自体が売れなくなった。英国メーカー再建のためには、前例のない抜本的な打開策が必要となったのである。

ヒース政権と日系企業のすれ違い

歴代政権とは異なり、貿易産業省は自動車産業を立て直すうえで、決して無策ではなかった。期待をかけたのが外資企業であり、イギリスへの投資の呼び込みに積極的だった。英国自動車産業の国際競争力を強化するには、外資を呼び込み、経営手法や生産管理を吸収する必要があると考え始めたのである。[22] 外資受け入れを積極化したい貿易産業省は、通産省のもとで輸出を自制する日本の「秩序ある輸出」政策と両立できる、[23] イギリス側の「秩序ある投資受け入れ拡大」を模索し始めた。[24]このように、イギリスへの投資を「差別はしないが、積極的に呼び込みもしない」消極対応の姿勢から脱却させるきっかけの一つが、EC加盟だったのである。[25]

イギリスは一九五五年にGATT（関税及び貿易に関する一般協定）に加盟した日本に対し、当初は三五条を援用することで、日本との貿易に対してGATT規則の適用を拒否した。戦前のダンピング輸出国のイメージが根強かったのである。しかし粘り強い交渉の結果、イギリスは一九六二年一一月に日英通商航海条約を署名し、その後三五条の援用を撤回した。[26] 米加とともに三五条を援用しなかったドイツを除き、他の欧州諸国もイギリスに続いた。しかしフランスのように、三五条の対日援用を撤回した直後、二国間合意のもとにセーフガード（緊急輸入制限措置）を導入するケースや、イタリアのように保護品目リストを設ける国が多く、後に日欧貿易摩擦激化の原因になった。日英通商航海条約によって日本からの投資受け入れは自由・無差別となり、イギリスは日系企業を誘致するうえで、悪くないスタート地点に立った。

しかしその後イギリスは、歴代政権が積極的な誘致策を打たなかったこともあり、強敵に遭遇することになった。EC加盟を目前に控えた一九七二年、ロンドンの外務英連邦省は東京の駐日大使館からの情報により[27]、アイルランドが日系企業の投資を誘致するための事務所を都内に開設していたことを知った[28]。貿易産業省は慌てた。アイルランドは公用語が英語であり、法人税が安く、イギリスよりも賃金が安い労働市場である。もし日系企業の現地工場をイギリスではなくアイルランドに建設されたら、そこから洪水のように日系メーカーの自動車や電気機器が、関税を課すことができる「日本製」ではなく、無関税の「EC製」として押し寄せてくる[29]。このような誘致案件はアイルランドではなく、意地でもイギリスの開発地域に呼び込まなければならない[30]。一九七〇年一月に発足した保守党ヒース政権は、「小国」アイルランドを相手に真っ向勝負をし、日系企業の誘致競争を戦わなければならなくなった。アイルランドとの競争では分が悪い。しかも交渉相手が日系企業であるため、リスクが大きかった。もし貿易産業省や政権の関係者が日系企業と非公式に接触していることが世間に知れたら、労働運動と世論が「日本（企業）の侵略をゆるすのか」と沸騰する危険がある。ことは慎重に運ばなければならない。そのためか、ヒースの腰は重かった。

日産のアイルランド工場計画と、ダットサンUKのロビイング

日系企業からの投資受け入れを積極化したい貿易産業省の勧めを無視し、保守党ヒース政権は投

資の積極誘致に二の足を踏んでいた。ヒースの産業再編策は、中途半端だった。一九七二年二月に名門ロールスロイスが倒産したため、政府は同社を一部国有化した。国有化による救済は労働党の専売特許ではなく、保守党の一部にも支持者がいたのである。この一件が示すように、ヒースは労働党に近い救済策を後手にまわって採るだけで、貿易産業省が勧めるような、外資導入や規制緩和によって企業が合理化に踏み切らざるをえない環境に追い込む政策を採らなかった。ヒースは保守党のカラーを十分に出しきれなかったとも言える。あるいは彼は、英国産業の実力を読み誤ったのかもしれない。

ほどなく、ヒース政権は新聞報道によって慌てることとなった。一九七二年五月、日産のアイルランド工場新設計画が新聞を賑わすようになったのである。[31] 同年三月にアイルランド側からノックダウン輸出の打診を受け、日産がこれに応じたのである。一〇月に日産はBL系のブリテン社とノックダウンの組立契約を署名し、[32] 翌七三年四月に組立第一号車のサニーが生産ラインをラインオフした。同年、アイルランドで約二七〇〇台が生産された。[33]

日産によるアイルランド工場新設の発表に加え、貿易産業省が慌てた理由がもう一つあった。日産と近い関係にある大和証券が同年春に発表した調査結果であり、在カナダ大使館経由で入手した情報だった。[34] 大和証券が「新生ECの中でベルギー、オランダ、アイルランドが最も投資に適している」という趣旨の報告書を発行したのである。こともあろうに、報告書は「三カ国の中で最も適しているのはアイルランド」と結論づけた。[35] 貿易産業省の担当者は動揺した。[36] しかし、このような事態に直面してなおヒースは首を縦に振らず、「待ち」の消極姿勢を崩さなかった。

ヒース政権の腰の重さにたまりかね、日産の現地法人ダットサンUKは「政府から日産本社に対し、英国進出への支持を公式に表明してほしい」と強く働きかけた。[37] ダットサンUKは、輸入車を集積している北東イングランドのティーズサイドに工場を新設してほしいと願っていた。[38] 工場を誘致したい開発地域側もダットサンUKの声に同調し、政府が早期に交渉へのゴー・サインを出すよう求めた。[39] しかしヒースの腰は重く、「是非英国に進出してほしい」と積極姿勢を示すのをためらい続けた。[40]

ヒース政権が動かない理由はいくつかあった。日本からの投資は歓迎であり、一定の経済効果を期待できることは認めるが、日系企業の進出がライバル他社の雇用を損なうことも予想された。[41] 特に世論がこのような統計に敏感であり、後に日産が工場を建設する際も同様の主張が繰り返された。依然として日系企業を外敵のように見る風潮が強かったのである。また、日本からの対英投資とは逆に、イギリスから日本への直接投資が十分見込めないことも、政府を躊躇させた。[42] 日本に対して「公正な貿易（fair trade）」を求めるイギリスは、両国の経済的メリットが均衡することにこだわっていた。大前提として、日本市場が開放されなければならない。日本からの投資に対して慎重な対応を在京大使館から求められたことも、[43] ヒースの判断を後押しした。結局、スコットランドや北東イングランドなどの開発地域の代表が日産と非公式に接触を試みることを黙認するだけで、[44] 英国政府は公式な支持表明をしなかった。

投資規模が大きいにもかかわらず英国側の反応が鈍いため、日産も英国工場創設に関して積極的に動かなかった。下手に動くと、不振にあえぐBLの再建を手伝わされる可能性があり、関わりたくなかった[45]。後述するが、同じ時期に日産は北米現地工場の立ち上げを極秘で検討しており、イギリスにおいて大きなリスクを冒す意義は薄かった。一九七三年の石油危機に続き、七四年三月に保守党が政権を去ったことも手伝い、進出話は下火になった。労働党政権のもとでは労働運動の声が強く、日系企業の進出計画を潰す要因が増えた。

労働党政権の発足と、日系企業進出の停滞

一九七四年三月、保守党ヒース政権に代わり、ハロルド・ウィルソンが労働党政権を発足させた。労働党政権の成立により、一九六八年に政府主導の合併劇の末にBLを誕生させた者たちが、今度はBLの再建案を練ることになった[46]。しかし、強引な合併を行って英国病を発症させてしまった当事者が、咄嗟に有効な合理化策を打ち出せる可能性は低かった。BL再建の選択肢は二つあった。一つ目は、採算の合わない工場を閉鎖し、子会社を売却し、その資金で民間企業として再建する案である。この案は雇用への影響が大きいため、労働運動を支持基盤とする労働党が選べる選択肢ではなかった。もう一つの案は、政府による救済である。政権が後者を選んだことは想像に難くない。一九七四年にウィルソン政権は、八年間で九億ポンドの公的資金をBLに注入すると発表した。BL株の大部分が政府に買い取られ、BLは国有化された[47]。

一九七六年四月、ウィルソンに代わってジェームズ・キャラハンが首相に就任した。キャラハンは一九七九年五月まで労働党政権を支えた。その間、政府は国有化したBLへ財政支援を続けたが、

業績は低迷したままだった。資金を注入するだけで、抜本的な改革を行わなかったからだ。一九七三年末の第一次石油危機によって始まった不況はさらに悪化し、激しさを増した労使紛争や労組同士の争議は収まらなかった。一九七八年末から七九年にかけて国中で起きたストは、「不満の冬」と記憶されることとなった[48]。労働党が労組と対話を行い、後者の闘争的な態度を鎮める役割を期待した国民は、深く失望することになった[49]。その失望が、労組に対して断固とした態度で臨むマーガレット・サッチャーへの賛同と支持に向かったのは、不思議なことではない。「英国病」と呼ばれるまでになったイギリスは、大きな変化を必要としたのである。

停滞したのは、英国自動車産業の再建だけではなかった。労働党政権下、日系企業の英国進出も滞っていた。日立が北東イングランドにカラーテレビ製造工場を立ち上げようとしたが、同業のライバルである英国メーカーと労組がともに政権に働きかけ、このプロジェクトを中止に追いやっていた[50]。工場新設が「日系企業による侵略」と受け止められたのである。この一件は日系企業だけではなく、特に貿易産業省にトラウマのように記憶され、後の日産との交渉において情報の秘匿が厳守されるきっかけとなった。対英進出をもくろむ日系企業から見ると、現地工場を新設するうえで唯一最大の味方が貿易産業省である一方、最大の敵は労働党政権の支持基盤である労働運動、そして英国世論であった。この構図が進出に不利に働くことは明らかだった。労働党政権下で停滞した日系企業の進出は、日立だけではなかった。掘削機械のコマツは一九七九年に、衣服用のファスナーを生産するＹＫＫは八一年に北東イングランドに工場を建設して進出を果たしたが、いずれも政権が保守党に戻った後のことだった[51]。

数少ない例外が、日本精工だった。一九七六年四月、日本精工（ＮＳＫベアリング・ヨーロッパ・リミテッド）が日系企業として初めて北東イングランドのピータリーに生産拠点を設立した。[52] 一九七四年一月に投資額七〇〇万ポンドの進出を発表して以来、二年後のことだった。画期的だったのは、新工場ではイギリス古来の労使関係を踏襲せず、日本式の単一労組協定がＡＵＥＷ（Amalgamated Union of Engineering Workers、合同機械工組合、九二年五月以降ＡＥＵ）と結ばれたことである。[53] イギリスでは、一つの工場の中に職能ごとに組織された別々の労組が複数林立するのが普通だったが、日本精工の英国工場で働く労働者は一つの労組に集約されて賃金交渉などの労使交渉に臨んだ。この方式は、日産がサンダーランド工場を操業する時にも採用された。後の章で紹介するように、規模が大きい日産の工場で単一労組協定を実現することは、容易ではなかった。同時期のフォード英国工場では、五段階の賃金協定のもと、五〇〇以上の異なる職能区分があり、[54] 労働者の間にも「階級差」に近い階層が存在した。賃金は出来高払いだったが、その単価は労使交渉で決まるため、経営側は売上げが好調な時ほど、生産を止めないために労組の要求を呑み続けた。そのため、職場委員は経営側に要求を拒否されると、すぐにスト指令を発するようになっていた。[55] 企業業績が落ち込んでも単価は落ちないため、業績をさらに悪化させる元凶となった。いかに経営者の首が回らないか、想像に難くない。英国病は、特に自動車産業において深刻だった。

日産の海外工場建設プロジェクト

輸出と海外進出で先頭を走った日産であるが、その経営陣はどのような顔ぶれだったのだろうか。一九五七年に社長に就任した川又克二は、七三年一一月まで社長を務めた。川又は一九五七年に日本興業銀行（現、みずほ銀行）から日産に送り込まれた。[56] 日産はメインバンクである興銀から多くの人材を受け入れ、[57] 加えて銀行からの借り入れに重く依存した経営を続けたため、日産のことを「興銀自動車」と揶揄する者もいた。[58] このような評判の是非はともかく、川又は二〇〇〇人の人員整理を断行して一九五三年の労働争議を乗り切り、[59] 後述する労組の塩路一郎会長とともに労使協調路線に立ち、日産を立て直した人物だった。五〇年代、川又はイギリスのオースチン社と技術提携を行い、日産車の性能を高め、後に日産を代表するブルーバードの登場に結びつけた。[60]「マイカー元年」と呼ばれた一九六六年、日産が大衆車サニーを登場させて大成功を収め、トヨタのカローラと競った。いつしか川又は「中興の祖」と呼ばれるようになった。[61] なお、一九六六年に日本は自動車生産でイギリスを抜き、一位の北米、二位のドイツに次ぐ世界第三位に躍り出ている。

川又は社長在任中、日産のみならず、日本の自動車産業全体をまとめるリーダーシップを発揮した。日本車の輸出が徐々に増加し、貿易摩擦が表面化し始めた一九六七年四月、川又は日本自動車工業会（自工会）を立ち上げて初代会長に就任した。川又は業界全体に目を配ることができるリーダーだった。一九六四年にＯＥＣＤ（経済協力開発機構）に加入し、先進国の仲間入りを果たししたことで、日本は自国市場を開放しなければならなくなった。川又は通産省と足並みを揃えて資本の自由化に取り組み、当時自由化に二の足を踏む業界の考えを統一した[62]。一九七三年一一月、川又は後任として岩越忠恕副社長を社長に据え、自らは財界活動に専念した。岩越社長は、第一次石油危機と排ガス規制強化の波を乗り切らなければならない苦しい時期に、日産の切り盛りを任された。岩越はトヨタに先駆けて北米現地工場プロジェクトを準備するなど、功績が大きかった[63]。

他方、労組を主導した塩路一郎は、戦後間もない時期に仕事の傍ら苦労して明治大学法学部夜間部で勉強し、日産横浜工場経理部に配属された。塩路はまもなく、世界的な名門であるハーバード大学の労働組合研究課程に米国国務省の国費留学生として派遣された[64]。その際、当時UAW（全米自動車労組）の会長だったウォルター・ルーサーとの人脈を築き、その後もUAW幹部とのパイプが太かった[65]。塩路は、「会社が潰れても組織（組合）は残る」と豪語する総評系の日産分会の運動姿勢に、早くから疑問をもっていた[66]。帰国した翌一九六一年、塩路は日産労組の初代組合長に代わって組合長に就任し、六二年に日産および主要な関連会社の組合を糾合した自動車労連を設立し、会長に就いた。塩路は川又社長とともに労使協調路線を日産に根づかせ、一九六五年のプリンス自動車との合併を乗り切った。

国内のみならず、塩路の活躍の舞台は海外にも広がっていた。先述の日産北米工場プロジェクトは、UAWから得た情報をもとに塩路会長が用意したものだった。一九七一年八月のドル・ショックと円高を受けて日産の輸出が打撃を受ける中、塩路は川又社長に北米工場計画を提出した[67]。塩路に対するUAWの口説き文句は、次のようなものだった[38]。

日本車の対米輸出が今のペースで増えれば、いずれ日米自動車摩擦が起きる。その前に日産が〔北米〕現地生産に踏み切れば、摩擦を未然に防げるだけでなく、日産は米国で尊敬される会社になれる。

興銀出身の川又社長は銀行マンらしく、投資額の大きなプロジェクトには慎重だったが、意義を十分理解した。後任の岩越社長は、石油危機と排ガス規制への対応が一段落すると、塩路会長とともに北米現地工場プロジェクトの準備に秘かにとりかかった。北米プロジェクトは、後継の社長がゴー・サインを出せば実現するところまで準備された。[69] 岩越社長にとっての北米プロジェクトは、「地に足の着いたトヨタ追撃戦略」であった。[70] 川又会長をはじめ、後任の岩越社長と労組の塩路会長は「企業が発展するには、労使の相互信頼が大前提」という点で一致しており、北米プロジェクトもその一つだった。[71] 川又会長はまもなく、自動車業界出身としては初となる経団連副会長に就任し、[72] 貿易摩擦が激化する中で財界全体の指針を定め、内外に発信する立場に立った。

自動車総連の発足と、日米・日欧貿易摩擦

ここで戦後日本の労働運動について、特に自動車産業の国際化の歴史とあわせて振り返りたい。日本が西ドイツのＧＤＰを抜いて世界第二位の経済大国になったのは一九六八年であった。以降、

それまで黒字と赤字の間を行き来していた日本の貿易収支は黒字一辺倒となった。特に一九七三年の石油危機以降、他の先進国が不況と高失業にあえぐ中、日本が「一方的に」輸出して黒字を計上したことに対し、批判が噴出した。一九六〇年代中盤までは保護主義的な市場のもとで戦後復興を果たした自動車産業も、六四年に日本がOECDに加わったのを機に、市場開放を求められるようになった。日系メーカーの輸出急増に加え、海外工場建設なども活発となった。

こうした状況下、自動車関連産業の労働運動も急速に国際化を求められる時代に突入した。国際化は、二正面で進めなければならなかった。一つ目は他の先進国、特にアメリカの労働運動との連帯であり、二つ目は日系メーカーが生産ネットワークを構築し始めた途上国の労働者との連帯であった。国際化の先頭で指揮を執ったのが、UAWとの人脈がある日産の塩路一郎であった。一九七二年一〇月三日、日産の自動車労連をはじめ、トヨタ、三菱、マツダ、ホンダなどの労組をすべて傘下に置くJAW（自動車総連）の結成大会が開かれた。[73] 総連は日系自動車メーカーおよび関連部品産業の労働者が参加する組合を一つに束ねる単産として発足した。組合員は二二万人（八四年）に達し、同盟の中では繊維化学と鉄鋼に次いで規模が大きかった。[74] 総連の初代会長に塩路が就任した。塩路はUAW幹部と親交があるのみならず、一九七二年七月よりICFTU（国際自由労連）の副会長を務め、海外の労働運動指導者に人脈が広かった。彼は一九八六年二月に日産を去るまで、自動車総連と自動車労連の会長を兼任して強いリーダーシップを発揮し、「天皇」とも呼ばれていた。[75]

自動車総連の主要な任務は、春闘に向けて国内各メーカーの組合を糾合することであった。他方、自動車産業が抱える国際問題に積極的に取り組むことも、結成当時から中心的な活動であった。日本を含む先進国の自動車メーカーが工場を擁する途上国では、労働運動が禁止されている国もあり、そのような国の労働者の権利の確立、待遇改善や生活水準の向上は急務だった[76]。米国メーカーの現地子会社で働く従業員が経営側に対して要望を出しても、デトロイトの本社と現地法人の間をたらい回しにされ、事実上無視されることが多かった[77]。現地労働者の不満がうっ積していた。途上国に工場を建設した日系メーカーにとっても他人事ではなく、自動車総連はこのような問題に取り組むため、一九七九年にＩＣＦＴＵに直接加盟している[78]。

途上国での活動以上に緊急を要したのが、欧米諸国との貿易摩擦に対処することだった。自動車総連は結成と同時に「国際連帯活動」を活動領域の一つとし、ＵＡＷとの定期的な交流と幹部同士の相互訪問を毎年行った[79]。ＵＡＷは第一次石油危機が起きるまでは「貿易自由化には賛成だが、資本自由化には慎重」という立場をとり、「輸入車反対、仕事の輸出反対」と主張していた。しかし石油危機が起き、世界的に自動車の需要が減退し、多くの工場労働者がレイオフされると、ＵＡＷは総連とのコンタクトを通じ、日本国内工場から北米向けの輸出車を日本で船積みする前に制限する「輸出自主規制」の是非について協議した。両者はこれを支持した[80]。一九七〇年代終盤に入り、日本車の対米輸出が増え続けると、米国労組は塩路をはじめとする自動車総連幹部に対し、日系メーカーが北米現地工場を開設するよう、このような日米労組間の定期協議を通じて要求した[81]。

ＵＡＷの動きを静かに観察していた西ドイツの労組、特にＤＧＢ（ドイツ労働総同盟）傘下の最大労組、ＩＧＭ（ドイツ金属労組）も、第一次石油危機後すぐに自動車総連との定期会合と人材交流を打ち出し、[82]欧州勢による対日批判の急先鋒に立った。総連が日本車の輸出と輸出先国の雇用（失業率の上昇）の間の相関関係を認めたのは、一九七八年だった。それはヘルムート・シュミット首相が西ドイツの首都ボンで先進国首脳会議（以下、G７サミット）を主催した時であり、総連は労組からの提言をシュミットに提出した。[83]これら米欧の指導者との交流は、容易ではなかった。雇用情勢の厳しさを背景とする組合員の突き上げに加え、各国世論の対日批判は激化する一方だった。米国の指導者の中には「自動車のような高度な生産物は米国が独占供給するから、日本は自転車やオートバイを作っていればよい」という類の「国際分業」を真顔で説く者もいた。[84]日本に対する誤解を解くことも、重要な仕事だった。

結成まもない一九七三年九月、自動車総連は労組の国際化を進めるため、所属するＩＭＦ（国際金属労連）の枠組みのもとに日産・トヨタ世界自動車協議会をそれぞれ創設した。[85]世界自動車協議会とは、自動車メーカー別に世界中の組合員を集めた国際的な団体であり、一九六四年に提唱された運動形態である。一九六六年六月にアメリカのＧＭ、フォード、クライスラーの世界自動車協議会がそれぞれ発足し、まもなくドイツのフォルクスワーゲン、イタリアのフィアット、フランスのルノーが続いた。背景には、欧米メーカーの生産拠点が世界中に広がったことで提起されるようになった、多国籍企業問題があった。多国籍企業のグローバルな生産・販売活動が進出先国の経済や労使関係に負の影響を与えることに、批判が集まっていた。[86]協議会は労組の国際化によって進出先の現地労働者の意見を集約し、経営側に主張するために組織された。欧米メーカーに遅れて発足した日産とトヨタの世界協議会は、自動車生産労働者（完成車組立工場の工員）のみならず、部品生産、販売、関連サービスの従業員も含めて組織した点が特徴だった[87]。世界自動車協議会は、特にアジア諸国に広がる日産とトヨタの生産・販売網で働く労働者の要求を汲むのに役立った。ＩＭＦ経由で進める自動車総連の海外交流は、欧米先進国との関係では貿易摩擦の緩和をはかるために積極的に使われた。塩路会長をはじめ自動車総連の幹部はＵＡＷやＩＧＭの年次大会に毎年派遣され、各国労組幹部と公式・非公式を問わず様々な問題について話し合った。

第二章
サッチャーと日系企業の出会い

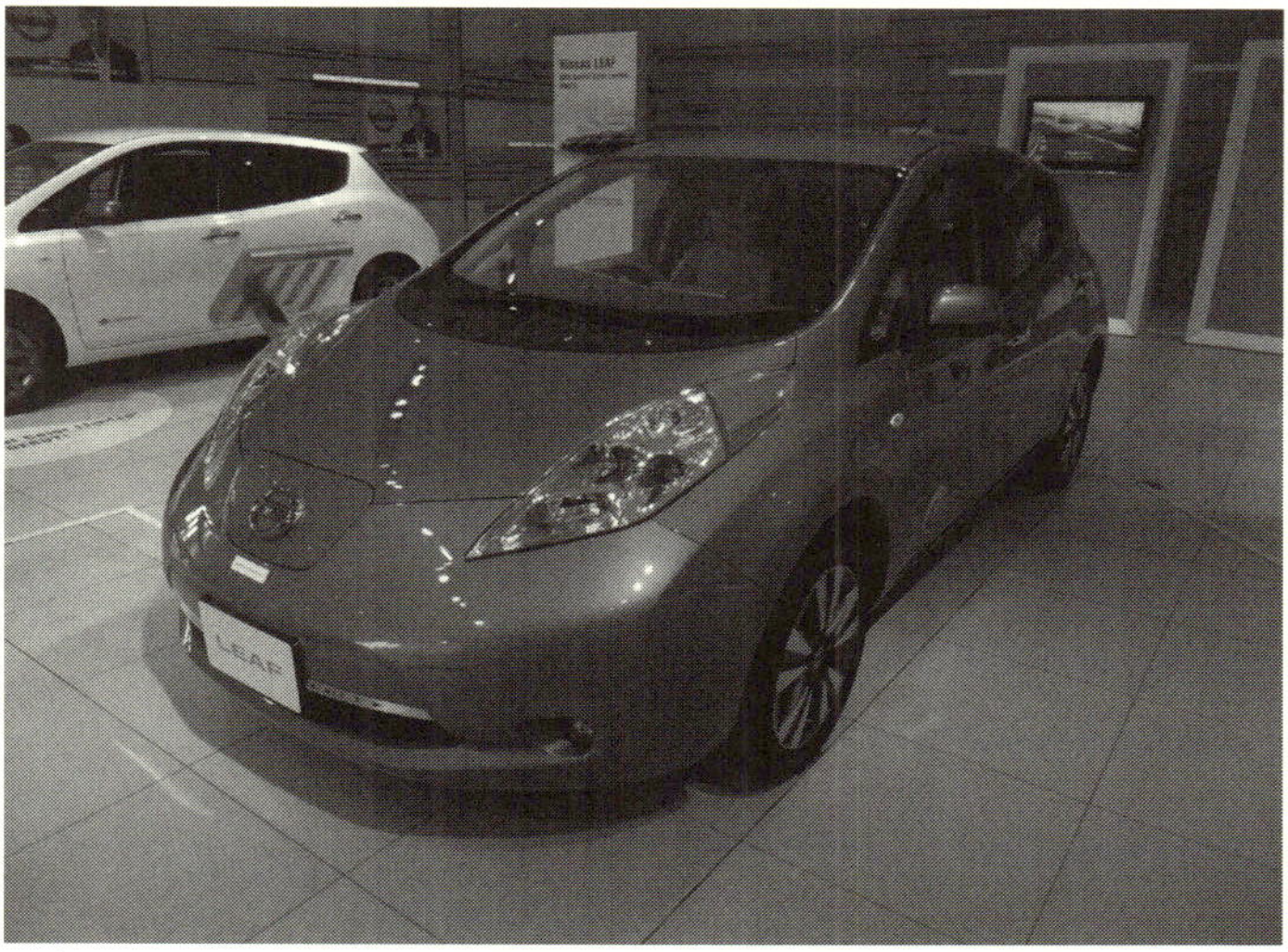

日産リーフ

マーガレット・サッチャー、保守党党首に就任

一九七五年二月、保守党はマーガレット・サッチャーを党首に選出した。男性が圧倒的に多い政界にあって、女性であるサッチャーが党首に就くのは異例であった。サッチャーは一九七〇年から七四年まで続いたヒース政権のもとで教育科学相を務め、決して無名ではなかった。しかし政治家としても閣僚としても、経験豊富ではなかった。そのため保守党内には、彼女の政治手腕を疑問視する声もあった。しかし彼女はそれを補って余りあるものをもっていた。信念と、決意である。四年後、英国史上初めて女性の首相として政権を発足させた際、彼女は明言した。

私は意見の一致を求める政治家ではない。信念の政治家だ。(1)

サッチャーは、有言実行の指導者だった。一九九〇年に政権を去るまでに、衰退する英国産業を建て直し、金融ビッグバンを成功させた彼女には、経済面での自由競争を徹底する明確な理念があり、それを実行する強い決意が備わっていた。サッチャーはビジネスの世界の考え方を政府に導入しなければならないと考え、「衰退の文化」こそが英国経済の抱える究極の問題の一つだと信じていた。(2)彼女は、政府高官が「イギリスが望める最良のことは「秩序ある衰退」だ」と平気で発言することが、(3)我慢ならなかった。

国家は商売をすべきではない。〔中略〕国営企業での投資は〔中略〕民間企業とは大きく違う判断基準で投資決定がなされる。〔中略〕〔国営企業での意思決定は〕（もちろん保守党のもとでもそうだが）、少しでもうまくいったためしはない。〔中略〕そもそも緊張感がないのである。[4]（傍点は筆者）

英国経済を立て直し、支出削減など、行政のあり方を根本から改革する自身の姿勢を、サッチャーは「下りのエスカレーターを駆け上がろうとするようなもの」と表現し、[5]「上まで行くには普通よりよほど速く走らなくてはならない」と決意を語っている。無意識なのか、彼女もイギリスを「下る」国に喩えていた。

イギリス（人）に改革が必要である、と熱い決意を秘めたサッチャーだったが、彼女の回顧録には、不思議なほど日系企業や日本型資本主義、およびこれらをどのように英国経済の改革に使うのか、ほとんど言及がない。自動車産業については、BL傘下のローバーがホンダ車のエンジンの供給を受けるべき、[6]などの具体的な指摘が見られるため、彼女は早くから日系企業に興味があった可能性はある。しかし日産英国工場が操業に漕ぎ着けたことについての言及は、自らの交渉への関与に限られている。[7]英国進出を果たした日系企業の活動を俯瞰した分析が、欠落しているのである。したがって、サッチャーがどのような理由でいつから日系企業に目をつけたのか、わからないままである。日系企業誘致の口火を切ったのは、サッチャー党首ではなく、労働党政権下で訪日した女王エリザベス二世だった。

女王の訪日

サッチャーが保守党の党首に選出された三カ月後、エリザベス二世の初訪日が実現した。女王は臣下であるサッチャーの用務（および服装）には興味を示さなかったが、日系企業の台頭には興味津々であった。エリザベス女王は来日の際、財界主催の午餐会でのスピーチの中で、日系企業を褒めちぎった。無論、エリザベス女王が最も強調したのは「英国企業の対日輸出のために日本市場を開放してほしい」ということだったが、女王は英国市場で人気の高い日本製の自動車や電気機器に対し、惜しげもない賛辞を贈ったのである。当時イギリスにおける日本のイメージは、未だに「第二次世界大戦時の敵国」であった。そのため、日系企業の生産活動やその製品のすばらしさを公の場で肯定することは、画期的だった。日産をはじめとする日系企業のイギリス進出の口火を、エリザベス女王が切ったと言っても過言ではない。保守党の党首となったサッチャーが来日して日産座間工場を見学する、二年前のことだった。

エリザベス二世と日本のつながりは、歴史的に深かった。日本は第二次世界大戦の敗戦国となったが、日本の皇族が戦後初めて招待された海外の公式行事が、エリザベス女王の戴冠式だった。一九五三年六月二日、戴冠式に当時一九歳だった皇太子明仁親王（今上天皇）が参列した。[8] 未だ戦争の記憶が鮮明な時期であり、戦時中、日本軍に捕虜として捕えられて生還した兵士たちが、過酷な戦争体験をイギリス各地で語っていた。そのため、日本に対する世間の目は厳しかった。そんな中、皇太子は戦前日本に造船業のノウハウを伝授した北東イングランドを賓客として訪れた[9]。反対が多い中で実現した訪問の折、皇太子は造船業で名をはせたアームストロング卿ゆかりの地を訪れ、園遊会の中で一本の糸杉を植樹した[10]。戦後日英関係の改善を象徴するイベントとなった[11]。一九七〇年四月にはチャールズ皇太子が来日して大阪万博を訪れ、七一年一〇月には昭和天皇が訪英を果たした[12]。女王陛下訪日のお膳立てが、そろったのである。

皇太子の訪英から数えて二二年、エリザベス二世の訪日は一九七五年五月に実現した。五月七日に特別機で羽田空港に到着したエリザベス二世とエディンバラ公フィリップは、元赤坂の迎賓館に宿泊し、同日夕刻には宮中で昭和天皇主催の晩餐会に出席した。翌八日にNHKを訪問して大河ドラマ『元禄太平記』の収録を見学し[13]、同日午後、財界五団体が主催した「女王陛下歓迎午餐会」に出席した。経団連会長の土光敏夫をはじめ、財界のリーダーたちに案内され、エリザベス女王は丸の内の東京会館九階にあるローズルームに入場した。なお、宴席、ゴルフ、麻雀をすべて断ってきた土光は、エリザベス二世を迎える晩餐会についても、当初は「不忠の臣ではないが、老齢の故をもって、ご辞退したい」と返答したと伝えられている[14]。土光会長の挨拶に続き、エリザベス女王がスピーチのために立ち上がった。スピーチは、列席した三二〇人の財界人が驚きを隠せないほど具体的であり、的を得ていた[15]。

日英の通商関係に、私の先祖である国王ジェームズ一世が将軍徳川家康にあてた手紙をきっかけに始まったことをうれしく思います。

エリザベス女王は続いて一九〇二年に結ばれた日英同盟に言及した後、具体的数値を次々と挙げ、日英経済関係における問題に大胆かつ率直に切り込んだ。曰く、日本の貿易相手国として、英国は欧州諸国の中では最大だが、世界全体の中では一〇位前後であること。日本から英国への輸出額が一五億二九〇〇万ドル（七四年）だったのに対し、英国から日本への輸出額は八億七八〇〇万ドル（同年）に過ぎなかったこと。日本はイギリスにとって「食えない客」だったのだが、エリザベス女王は言葉を選び、日本の財界人に語りかけた。

日英間の貿易はこの十年間に六・五倍にふえました。〔英国産業は〕成長を続ける巨大な日本市場に真剣な注意を向けており、日本の製品は英国では知名度が高く、人びとの人気を集めています。

日英貿易がさらに発展することを願っている、と強調したエリザベス女王は、最後に次の一言を付け加えるのを忘れなかった。

学者、芸術家、外交官などの人びとも日英関係の発展に寄与してきましたが、恐らく他のだれよりも大きな貢献をなしているのは実業家であります。

笑顔で会場を見渡すエリザベス二世が、「イギリス経済の優雅なトップ・セールス・レディ」としての役目を遺憾なく発揮した瞬間だった。都内のデパートはこぞって「英国フェア」を開催し、訪日前の四月までに約三〇億円相当（当時）の英国製品が輸入された[16]。イギリス各紙は「女王ご夫妻は数百万ポンドもの輸出に相当する親善」と書き立てた[17]。

翌九日、エリザベス二世とエディンバラ公は帝国ホテルから国立劇場までの約二キロをオープンカーに乗ってパレードし、群衆から熱烈歓迎を受けた。一〇日には新幹線で関西入りする予定であったが、ストのため、急遽飛行機での移動となった。国鉄幹部は「スト決行ならば、幹部層だけで予定通り新幹線を走らせる」[18]と意気込んだがかなわず、面目丸潰れとなってしまった。関係者が「ストは母国（イギリス）で慣れている」とフォローしたが[19]、後の祭りである。飛行機で関西へ移動した両陛下は京都御所などを見学した。一一日には伊勢神宮を訪問し、鳥羽で真珠の製造過程を見学し、鳥羽国際ホテルに泊まった。伊勢神宮「参拝」をめぐって宗教団体が「参拝は憲法違反」と主張したため[20]、参拝ではなく「見学」となったのであるが[21]、両陛下は関西滞在を満喫した。

五月一二日、両陛下は念願の新幹線に乗って東京に戻ることになった。名古屋から東海道新幹線で東京へ向かったが、往路を乗せることできなかったことの埋め合わせなのか、ひかり一〇〇号は富士山が見える富士川鉄橋付近で減速し、両陛下を楽しませた[22]。秒単位の厳密なダイヤで運航される新幹線としては、異例のことだった。東京に戻り、すべての日程を無事に終えた両陛下は、羽田空港から特別機で離日した。合計六日間の滞在であったが、東京で三四万二四〇〇人、京都で二四万八〇〇〇人、合計で七七万六〇〇〇人が沿道で両陛下を歓迎した[23]。エリザベス女王は公式スケジュールにないタイミングで群衆に歩み寄って語りかけたため、分刻みで用意されたプログラムは予定よりも遅れることがしばしばであり、警備は大変だった。しかしそんな警備関係者すら、女王が国民との対話を尊重する姿に、深い感銘を受けたのである[24]。

日本中がこぞってエリザベス二世の訪日を歓迎する空気になり、「日英関係が緊密になった」と実感したが、英国各紙は少し冷ややかだった。九日付けの『デイリー・テレグラフ』紙[25]は「女王はまるで貿易促進のための名誉大使のように対日輸出振興に熱弁を振るったが、日本人の関心を集めたのはスコットランド衣装を着たバグパイプの演奏だったようだ」と書いた。また同日の別の記事は「東京に着いてから見た英国産の車は、女王のロールスロイス一台だけ。英国で走っている日本車の数と、ひどく対照的だ」と揶揄し、また「日本の政治家の中で、女王を今なお経済大国または世界の大国の国家元首だと思っている者は、ほとんどいない」と悲観的だった。

しかし、エリザベス二世の来日の意義が大きかったことは明らかである。イギリス（世論）における日本の位置づけが、「第二次世界大戦時の敵国」から「親善国」に変わる潮流の変化が生まれたのである。エリザベス女王が産業分野における日英交流を讃えたことから、その後まもなく日産をはじめとする日系企業による対英投資が歓迎される道筋が開けたのである。女王が両国民の相互理解を促した結果、と見ることができる。女王自身、訪日中、「日英両国民は多くの同じ特質を持っています。この類似性は、庭を愛し、車を道路の左側に走らせる趣味にまで及んでいます」（傍点は筆者）と強調していた[26]。

イギリスにおける潮流の変化と、サッチャー党首の座間工場見学

女王の訪日のみならず、一九七五年は英国自動車産業にとっても節目となる年であった。この年、英国政府は一四〇頁近い『英国自動車産業の未来』と題する報告書を作成した[27]。報告書は労働党政権下でどのように自動車業界を立て直すのか、その方向性を示すために作られた。その分析内容は、むしろサッチャーをはじめとする保守党があたためる抜本的な構造改革を後押しするものでもあった。貿易産業省をはじめ、官僚たちの間には、英国企業に対する諦めのような空気が漂っていた。

報告書は五つの結論を提示している[28]。一つ目は、西欧市場における自動車産業の競争が一九八〇年代中盤まで激化し続ける見込みであること。二つ目は、経営判断の失敗によって競争力が落ち、英国自動車産業が全般的に生産能力の過剰に陥っていること。メーカーが林立し、完成車組立工場の生産力が余り、生産モデルが多すぎるにもかかわらず、販売不振が続いていた。三つ目は、品質の低さ、労使関係の悪さ、生産性の低さと、余剰人員の多さだった。統計によれば、イギリスの労働者は、大陸のEC諸国のメーカーに勤める労働者一人当たりの生産量の半分しか生産できていなかった。四つ目は、早急に生産性を向上させない場合、一〇年後の一九八五年までに自動車部門の貿易収支が一〇億ポンド悪化し、関連産業を含めて二七万五〇〇〇人の雇用が失われる。そのため、短期で雇用の大幅削減が必要である。最後に、これら深刻な問題は、経営と労働の双方に原因があり、自動車産業全体の半分近い株を保有する政府が率先して改革を打ち出さなければならない、と

いうものだった。

報告書は英国自動車産業の大きな問題点を、労使関係に求めた[29]。賃金闘争および労組間の紛争が[30]、生産を停止させる主要因として挙げられている。英国経済の他の産業よりも自動車産業の争議件数は約一〇倍多く、生産停止の原因の六割以上が争議によるものだった。争議の原因は、労組が産業の将来に悲観的であること、争議の歴史が長く、相互不信が根強いこと、関係団体間のコミュニケーション不足、福祉削減の影響、そして賃金交渉枠組みの細分化と労組組織の細分化であった。ナショナル・センターであるTUC（労働組合会議）の傘下の労組を支持母体とする労働党が政権与党を務める中、このような報告書が作成されたことは画期的だった。サッチャーをはじめ保守党が、労組に対して強い態度で臨む必要性を痛感したのも頷ける。また、後に日産をはじめとする日系企業の進出に際し、特に労使関係の抜本的な変化を日系企業に期待する空気がイギリス（政府内）に生まれ始めたと言っても過言ではない。

一九七五年二月に保守党党首に就任したサッチャーは、政権奪還を見据え、経済・産業政策を練り始めていた。彼女はイギリス人経営者の経営手腕を信用できず、北米資本の英国拠点が合理化に失敗する事例を数多く見てきた。何をモデルにしたらいいのか。彼女は、世界中で貿易摩擦を引き起こしている日本の輸出産業に目を付けた。イギリス国内でも日本製品不買運動が起きそうな気配が漂う中、彼女の着眼は画期的だった。同時にそれは、外敵や外的脅威を身内に抱き込んでイギリスの味方にし、これをイギリスの強みにしてしまうという、極めてイギリス的なお家芸でもあった[31]。サッチャーは移民の受け入れ停止を主張するなど、国内政策においては民族主義的だったが、英国経済・産業が外資への依存を増すことに対しては、寛大だった[32]。彼女は訪日中、日系企業の生産現場を数々視察して回り、自らの選択に対する自信を深めた。

日産座間工場は、他の日系メーカーに先駆けてロボットを大量導入した最初の工場であった[33]。そのため、諸外国首脳や要人の訪日時に座間工場の見学日程が組まれることが多かった。保守党党首に就いたサッチャーもその一人だった。サッチャーは一九七七年四月に訪日した際、座間工場を訪れた。彼女が首相就任一カ月後の一九七九年六月にG7東京サミットのために訪日する、二年前のことだった。川又会長に案内されて工場内を見学したサッチャーは[34]、オートメーションが進んだ最新鋭の工場に深い感銘を受けた。最新鋭のロボットが速やかに各工程を終え、正確に仕上げる様子を、彼女は食い入るように注視した。英国工場の労働者が賃金上昇ばかり要求し、違法な非公式ストを頻発して生産現場を放棄する光景を苦々しい思いで見つめていたサッチャーは、そのような労働者が産業ロボットに置き換えられて「消えた」生産現場を、理想郷のように感じたのだろう[35]。「英国にもこのような最新鋭の工場を作ってもらえば、英国の自動車産業の再生につながる」と彼女が決意した瞬間だった[36]。

石原俊の社長就任

イギリス国内において自動車産業を取り巻く空気が変わりつつある中、日産においても指導者が交替した。一九七七年六月二九日、株主総会の後に開かれた取締役会において、副社長だった石原俊が社長に昇格し、七三年から会長に退いていた川又克二とともに日産の舵取りを担うことになった。石原は、日産の創業者である鮎川義介が社長だった一九三七年に入社した。石原は鮎川の寵愛を受け、社内の「保守本流」に属し、本人もこれを自覚していた(37)。一九五三年の労働争議の際は経理部長を務め(38)、その後は輸出担当取締役などを歴任して出世街道を全開で走り、早くから次期社長と見る人もいた。一九五七年、川又が社長に就任する際に横槍を入れたことでも知られている(39)。川又社長のもと、一九六〇年、米国日産の発足にともなって石原は現地法人の初代社長を命じられ、本社を離れた(40)。栄転ではなく、左遷に近かった。二人の確執は、静かに続いていた(41)。

石原は一九七七年六月の社長就任と同時に、川又会長と岩越社長が尊重し続けた労使協調路線とは、一線を画すようになった(42)。川又と塩路に近い経営幹部は次々と異動となり、本社を去った(43)。機を同じくし、労組叩きも本格化した(44)。石原は社長就任時の目標として、商品開発力の強化、国内販売体制の強化と、海外事業の推進を掲げた(45)。社長に就任して間もない一九七七年八月、石原は自工会副会長に就任した。「技術の日産」「輸出の日産」で鳴らす日産の社長として、責任重大だった。石原は国内販売の増強とともに、世界市場の中で日産が一〇%のシェアを占める(「グローバル10」(46))と豪語した。海外進出は、待ったなしで進められた。

一九七九年春のゴールデン・ウイーク、石原社長は主要市場である北米ではなく、欧州各国を行脚した(47)。訪問先には、イタリアのアルファ・ロメオの会長や、赤字に陥ったアルファ・ロメオの救済を検討していたイタリアの自動車大手フィアットのオーナー、アニェリ会長も含まれていた(48)。日産とアルファ・ロメオの合弁に対してイタリア政府は否定的だったが、その後ろには日系企業の進出を警戒するフランス政府の存在を指摘する噂もあった。[49] フランス政府の圧力に、イタリア政府が気を使ったのである。[50] 石原の欧州戦略は、船出の瞬間から多難が予想された。またEC市場において、輸出車「ダットサン」の名称の知名度が社名である「日産」よりも高いことを知り、石原は輸出ブランドを「ニッサン」に統一することにした。この決断の成否について、様々な議論がある。[51]

第三章

サッチャー政権の発足と決断

日産ジューク

サッチャー政権の成立

一九七九年五月四日、サッチャー政権が発足した。世間の耳目を集めたフォークランド紛争への対処は政権一期目の末期であり、サッチャーが就任時に最も重要な課題と位置づけたのは、経済だった。政権発足当初、サッチャーは明確な外交上の主張をもっていなかった。あったのは愛国主義と反ソ連レトリックであり、彼女の外交上の成果は、「サッチャーゆえに」ではなく「にもかかわらず」挙がることが多かった。[1] しかし経済については違っていた。保守党党首に就任して以来、サッチャーは英国経済の立て直しを声高に唱えていた。[2] 政権が発足するや否や、彼女は「念願の」政策課題にとりかかり、公共部門の削減に大鉈を振るった。後に日産との交渉で活躍するサー・キース・ジョセフ、セシル・パーキンソン、ノーマン・テビットらは、政権発足当初から彼女の側近として重用された。[3] 後述するが、一九七〇年代前半にECの高官として対日関係改善に尽力したサー・クリストファー・ソームズ（七八年からソームズ男爵）も、[4] 同様にサッチャー政権を支えた。

サッチャー政権の中で英国自動車産業の立て直し、特にBLの再建に冷ややかだったのは、財務省だった。毎年BLに血税をつぎ込んでいる立場から、財務省はBLの改革力を見限り始めていた。国有化したBLを必死にかばう労働党が政権を去った瞬間から、財務省は容赦がなくなるのである。電機産業をはじめとする日系企業の英国進出が始まる中、[5] 財務省は（貿易産業省以上に）これら外資に期待するようになった。すでに一九七〇年代前半に日産のアイルランド進出を機に、英国政府は日産の対英進出を将来予測に織り込んでいた。日系メーカーが英国工場を建設して英国製の日本車を市場に送り出すのが四年後の一九八三年だとすると、BL再建のタイムリミットも同じ頃と見込まれた。これについては、貿易産業省も一致していた(6)。BLのシェアは日産の進出如何にかかわらず伸びない、との悲観論が財務省の中に浮上し始めていた(7)。残される道は、傘下のブランドをそれぞれ外資へ切り売りするか、廃業である。BLの中期経営計画が、新車開発・(輸出を含む)販売ともに元気がないため、貿易産業省も徐々に財務省に近い立場をとるようになった。貿易産業省は、日産やトヨタを英国に誘致するほうがイギリスの国益にかなう、と考え始めた(8)。日系メーカーがBL救済に手を貸さないことも十分考えられるため、BL救済の如何にかかわらず、日系メーカーを歓迎するコンセンサスが政権内にできあがった。財政支出削減を進めたい財務省と、日系メーカーの経営・生産ノウハウを英国企業に吸収させたい貿易産業省の思惑が、一致したのである。在京大使館も含め、英国政府は日系の電機産業と自動車産業に的を絞って誘致する計画をたてた(9)。

日系企業の英国進出を歓迎するサッチャーの姿勢と呼応するように、日系企業によるイギリス社会への接近も活発化した。一九七九年六月、サッチャー政権が発足した翌月、日産は彼女の母校であるオックスフォード大学に一五〇万ポンド(当時七億円相当)を寄贈した(10)。日産日本学研究所(Nissan Institute for Japanese Studies)を設立する基金のためであり、日英両国間の相互理解を促進しつつ、イギリスにおける広汎な日本研究の中核機関を設立することを目指した。研究所は一九八一年一〇月に開講し、政治、経済、社会、歴史、言語等の講座を開講して現在に至る。寄贈はサッチャーの首相就任に対する日産のご祝儀ともとれるタイミングであった。積極的に海外戦略を展開する日産にとり、「国際協調を踏まえて、各市場の事情に配慮した輸出に努めるとともに、相手国の経済・社会の発展に貢献しつつ海外生産拠点を拡充」することが基本方針だったのであり[11]、進出先の市場での対日観を好転させる長期的な対策が必要だったのである。研究所は現在もイギリス（および世界）における日本研究の最高峰の拠点であり、英語による日本研究の発信を積極的に行っている[12]。

石原社長の自工会会長就任と、米国からの外圧

石原社長がイギリスでの地ならしを急いだ背景には、同業他社の対英（ひいては対ＥＣ）進出が加速していたことと、日系企業に対するアメリカからの圧力が強まっている状況があった。イギリスの自動車貿易収支は一九七九年、史上初の赤字に転落していた。日系メーカーの中では、一九七九年一二月にホンダがＢＬ（ローバー）との間で小型乗用車生産の技術提携を発表（九四年に解消）していた。ホンダは自動車生産では日産に遠く及ばなかったが、海外進出の足場を積極果敢に築き始めていた。英国政府はＢＬ救済のため、ホンダに対して技術提携よりも踏み込んで資本参加するよう打診したが、ホンダはこれを（賢明にも）断った[13]。英国進出だけではなく、ホンダは北米二輪車工場の建設に向けてフィージビリティ・スタディにすでに着手していた。これを北米現地で知った日産の岩越社長の調査団は慌てた[14]。二輪車工場は自動車工場よりも規模が小さく、リスクも抑えられるため、実現性が高かった。しかし未だ自動車工場には着手していない。トヨタが海外進出に

慎重だったことも手伝い、日産は海外進出において一刻を争って先手必勝を期さなければならなくなった。しかし石原社長が一九八〇年一月に発表したのは、北米自動車工場ではなく、小型トラック生産工場の建設であった[15]。

日系各社の動きが鈍い中、突如大きな衝撃が太平洋の向こうからやってきた。一九八〇年二月一一日、ダグラス・フレーザーUAW会長が来日した。彼は日本に着くなり日系各社に対し、米国労働者の声を代表して、米国工場建設を要求した。フレーザーは五日間の滞在中、日米摩擦が激化する最中だったことも手伝い、大平正芳総理をはじめ、大来佐武郎外務大臣、佐々木義武通産大臣、藤波孝生労働大臣と会談した。日本側は政府を挙げて米国〔労組〕の現地生産要求に気を使ったのである。すでに「フレーザー旋風」の予兆はあった[16]。先立つ一月二八日、米国のマイケル・マンスフィールド駐日大使が記者会見で次のように述べていた。

日米自動車問題はすでに爆弾の導火線に火が着《(ママ)》いた状態にあります。〔中略〕それを避ける決め手は、ホンダに続いてトヨタと日産が乗用車の現地生産をすることです[17]。

UAWとのパイプが太い塩路会長は、自動車総連経由でフレーザー会長を日本に招待した。塩路は石原社長に対して、「〔日産の北米プロジェクトの〕生産車種を〔小型〕トラックから乗用車へ変更する」と訂正発表するよう提案した[18]。しかしこれでは先任の岩越社長と労組の塩路会長の手柄になってしまうため、石原に塩路の助言を無視した[19]。前任の岩越社長による北米工場プロジェクトを知っていたフレーザーは、石原社長の計画変更〔生産車種の自動車への変更〕を期待して来日したのである。しかし石原社長は政治的圧力のもとで計画変更することを拒否し、話合いは物別れに終わってしまった[20]。石原が後に、サッチャーの政治的圧力を川又会長の説得のために歓迎したこととは、対照的である。石原は記者の取材に対し、「米国の賃金が高く、しかも労働者の質が悪い」ため、米国での現地生産は難しい、と答えている[21]。彼の指摘はアメリカ人労働者のみならず、日産が後にイギリスで行う現地調査の中でも浮上する同じ問題点だった。なぜイギリス人は良くてアメリカ人はだめなのか、石原の言い分は一貫性を欠いていた。

日産は一九八〇年四月一七日、米国に小型トラック工場を建設すると発表した。去る二月の来日の際、フレーザー会長から「日産が〔工場の生産〕車種を〔乗用車に〕変更しなければ、米国政府は間違いなくキャブシャシー〔荷台のない車体を「部品扱い」の低い税率で北米に輸出していた小型トラック〕の税率を変更する〔引き上げる〕でしょう」と警告されていた[22]。すでに米国財務省は一九七九年に、関税率を四％から二五％に引き上げることを検討していたのである。自工会副会長を務め、まもなく会長に就任しようとしていた石原も、これを知っていたが、反応しなかった。日産とは対照的に、ホンダはすでに北米マールスビル二輪車工場を操業していた。フレーザー会長来日を機に自動車工場計画を発表したため、フレーザーと和やかな会談を行った。対する石原の決定は、「ステーキ〔乗用車〕が食べたいといっているお客さん〔米国〕に、寿司〔小型トラック〕を出す」失策だったと日経記者の佐藤は批判している[23]。

一九八〇年五月、石原は自工会会長に就任した。日系メーカーの輸出を牽引する企業の社長として、日米・日欧通商摩擦をどのように乗り切るのか、内外の注目が集まった。一年後の一九八一年五月に導入された日系メーカーによる対米輸出自主規制は、表向きには自工会と現地自動車メーカーの業界団体が毎年交渉を行い、輸出台数について取り決めるものだった。自主規制は輸出カルテルとして機能したのであり、[24] GATTの自由貿易原則に反するものだった。一九九四年三月に通産省が撤廃を宣言するまで自主規制は続いた。

ＥＣ諸国も黙ってはいなかった。この時すでにフランスは二国間合意に基づき、フランス市場における日本車のシェアを毎年三％に制限していたが、ついにＥＣレベルでの対日圧力が本格化したのである。一九八一年二月、ＥＣの外相理事会は日本車などの輸入監視制度の導入を決めた。石原は輸出首位のメーカーの社長として、年度ごとに輸出量を調整するその場しのぎの対応を根本的に変え、有効な摩擦緩和策の実行を求められる立場に就いたのである。風向きは悪かったが、一九八六年まで自工会会長を務めた「闘将」石原の志は高かった。

> 私が日産の社長になってやらなければならないのは、国際化のレールを敷くこと［中略］。後の世代の人は私が敷いたレールの上を走るだけでその果実を享受できる。[25]

しかし石原の自工会会長就任に対して米国政府が用意したご祝儀は、予告どおり同年五月に「小型トラックの関税率を二五％に引き上げる」と政府発表を行うことだった。日産の北米工場は一八〇〇億円の建設資金を投じ、一九八三年六月にテネシー州スマーナで操業した。[26] 石原が労組対策のために全館冷房にした新工場だったが、コスト高によって競争力を犠牲にした[27]。石原社長に無視された労組の塩路会長に対する連帯表明なのか、起工式には労組のデモ隊が乱入した[28]。石原に対する仕打ちは続いた。北米工場で小型トラックが出荷されるや否や、米国政府は二五％に釣り上げた関税率を元の税率に戻し、日産が北米工場を立ち上げた意義を丸潰しにした。これでは、北米向けの小型トラックを生産していた九州工場の輸出実績と雇用を、米国工場創設で潰したようなものである。米国のアンチ石原は、徹底していた。その後も日米自動車摩擦は激化の一途をたどり、翌一九八一年五月には乗用車の対米輸出自主規制の導入が決まった。日本からの輸出は年間一六八万台とされた。

これを見た欧州勢も、すぐに反応した。北米市場で売れなかった日本車が、ＥＣ市場に大量に流れてくる危険があるからだ。日米自主規制を受け、欧州委員会はすぐに日本車の輸出自粛を申し入れてきた。五月一九日に開かれたＥＣの閣僚理事会は、日本車の輸入量を前年と同じレベルに保つこと、そして日米自主規制によるＥＣへの影響を最小限に食い止めることを決議した[29]。サッチャー政権をはじめＥＣ各国は、日系企業が北米ばかり重視し、欧州諸国の利益を軽視していることに不満を募らせていた[30]。

日産と英国政府の初接触

石原とアメリカ勢とのやりとりがぎくしゃくする一方で、日産の英国プロジェクトは着々と進められた。現地法人ダットサンUKによる貿易産業省自動車局への働きかけが実を結び[31]、サッチャー政権と日産本社の最初の接触が一九八〇年になって実現した。石原社長のもと、大熊政崇副社長が海外事業強化の最高責任者になっていた。大熊は一九七六年、岩越社長の時代に輸出担当の専務として、現地生産の可能性をさぐるために北米視察に同行していた[32]。大熊はすでに七七年一〇月に非公式な場で、EC各国の日本車締め出しを非難していた。イギリスについて大熊は、「英国政府がBLを延命するために市場を保護している」と批判していた[33]。自工会による各国業界団体との輸出自主規制の話合いにも関わるようになっていた大熊は、日欧貿易収支の不均衡を是正するため、欧州生産拠点を立ち上げる必要についても言及し始めていた[34]。

貿易産業省は、大熊の言動を逐一キャッチしていた。しかし一九八〇年一月、議員経由でダットサンUKから打診を受けた際、貿易産業省は半信半疑だった。日産がBL救済を不明確な形で打診しつつ、この空手形を利用して日英自動車輸出自主規制の回避を企てている、という見立てだった[35]。日産やトヨタがすぐに英国工場創設を打ち出すはずがない、という悲観論が依然として強かった[36]。そんな中、かつてクライスラーで務め、貿易産業省に人脈のある人間をダットサンUKが雇い、西サセックスの拠点に自動車局の関係者を招待することに成功した[37]。ダットサンUKの幹部と直接接触し、貿易産業省の見方はすぐに変わった。日産は、本気なのかもしれない。

一九八〇年四月、ホンダにBL救済のための資本参加を断られていた英国政府は、日産に同様の打診をした。日産はこの要請を断ったうえで、単独進出を打診した。日産がBLへの関与を排除して新規参入を試みる理由は、不振に喘ぐBLの工場を引き取ると、蓄積された問題点や困難もすべて引き受けることになるからだ。[38] この点はダットサンUKが日産本社に進言した内容であり、[39] 本社側も十分認識していた。日産がホンダよりも海外進出に慎重で「ナイーブ」である、と見ていた貿易産業省は、[40] 日産の回答に驚いた。同時にサッチャー政権にとって、日産の返答は渡りに船だった。[41] 英国病克服のための処方箋であるサッチャリズムを、[42] 日系企業の進出によって広く国民に知らしめることができる。[43] サッチャーは周囲に「日産が英国に来ることによって、日本の労使協調関係が〔イギリスに〕移植できればいい」と漏らしていた。[44] すぐに、日産本社と極秘で直接接触する機会が設けられた。

一九八〇年六月二四日、サッチャー政権と日産本社の最初の接触が東京で実現した。在京の投資誘致事務所、IBB（Invest in Britain Bureau）の要員が出向き、大熊副社長と久米豊常務（後、英国工場開業時に日産自動車社長）と会談した。日産側は会談において、日産の方針を具体的に伝えた。会談の中で大熊は、日産側の懸念を率直に伝えた。BL再建に政府予算を注入しながら日産の進出を歓迎する矛盾、日産工場建設と英国工場からの対EC輸出に対する他のEC加盟国の反発、工場を開発地域に建設する際に得られる財政支援の有無、[45] そして労使関係の難しさについて、大熊は説明を求めた。[46] 最後の点は、工場の生産性と採算に関わる重要な点だった。特に単一労組と賃金交渉できるか否か、日産はこだわった。英国自動車産業の生産現場では複数の労組が乱立し、労働争議が絶えなかったからだ。[47] 久米はドイツのような労組・被用者の経営参加（共同決定）[48] を義務づける法律がイギリスに存在しないことを確認した。イギリス側はすでに英国工場を操業している日本精工やYKK、ソニーの例を挙げ、「新工場を一から立ち上げれば、単一労組協定を結べる可能性がある」と返答した[49]。久米はさらに、日産英国工場が不況や業績不振を理由に労働党政権下で国有化される危険についても問うた[50]。

大熊と久米は英国工場建設に向けた行程表や日程を一切示さなかったが、彼らは日産の英国進出に対する英国政府の公式な支持表明を強く求めた。先立って日立がイギリスに進出した際、「現地経済（特に雇用）に貢献しない」と猛反発を受けた記憶が新しかったからだ[51]。在京大使館も本国に対し、日立の二の舞にしないよう進言し、最初は日産を歓迎しておきながら、後にプロジェクトを中止に追いやるような対応をしないよう、喚起した[52]。「外敵が来た」との印象を英国世論に与えるのは絶対に避けたい[53]。ホンダがBLと技術提携した際も[54]、英国労組と世論の反発が強く、在京の大使館からも同様の注意喚起が届いた[55]。英国政府は、日産との交渉を極秘で進めざるをえなかった。もしメディアに漏れたら、ホンダの比ではない反発が見込まれ、大臣たちが批判の矢面に立たされる[56]。貿易産業省や財務省の一部官僚は、税金をつぎ込んで延命しているBLの貴重な国内シェアを、日系企業に喰われることを懸念した[57]。他方、駐日大使のサー・ヒュー・コータッツィは、日産誘致に成功した場合は、他社の対英投資を促進する効果があると見込んでいた[58]。貿易産業省は、日産がBL関連企業から部品を買うことを期待したが、これを強要することで交渉が決裂することを恐れた[59]。日英輸出自主規制（英国市場の一一％、一九八〇年の合意下で一六万五〇〇〇台）の迂回を試みる日系企業を英国政府が手助けすることも許されない。英国自動車産業のみならず、他の加盟国から猛反発を受けるからだ。

しかしヒース政権のように公式な歓迎姿勢を示さない場合、日産がドイツやフランスなど、他の

EC加盟国に工場を建設する危険がある。[60]支持は、明確に伝えなければならない。すでに独仏からの輸入車が増え続けている中、もし他の加盟国で作られた「EC製」日本車が無関税で雪崩れ込むと、英国自動車産業にとって致命傷となり、貿易収支は大幅に悪化し、失業も増加する。背に腹は代えられない。他国への流出は、絶対に防がなければならなかった。「一度窓が閉じたら、しばらく開かないだろう」と評するほど、サッチャー政権は焦っていた。[61]会談の結果、特に海外事業の責任者である大熊自身がIBBの要員を迎えたこともあり、[62]日産が本気で進出を準備している、との感触をIBBは得て、[63]貿易産業省に伝えた。財務省も同様の感触を得た。[64]以降、貿易産業省自動車局と担当大臣が在京大使館をとおし、日産本社と折衝を重ねるようになった。

日産が本気であることが確認できたため、貿易産業省は日産工場を誘致するメリットを計算した。英国に工場を建設して年間一〇万台生産（完成車価値のうち五〇％が英国産部品であり、一〇万台のうち、四万台を対EC輸出）した場合、日本工場から六万台輸入するよりも一億一〇〇〇万ポンドの収支改善が見込めた。[65]さらに、新工場が四〇〇〇人近く新規雇用を生むとすると、年間一七三〇万ポンドの失業給付削減を見込めた。さらに、新工場で新たに雇われた被用者、現地法人（後に創設される英国日産）と、工場の位置する自治体による納税を、国庫収入を増やす要因として数えることができる。他のEC加盟国が英国製日産車の輸出に対し、報復的な対英措置を鉄鋼や羊肉において講じたところで、日産誘致によって得られるメリットを打ち消す打撃にはなりえない。[66]ウェールズ鉄鋼業の衰退も、BLが国内シェアを失い続けたことで、鋼板の国内供給先が大幅縮小したことが一因だった。[67]北米資本フォードの英国工場は、英国外から供給を受けていた。[68]これら要因に加えて、日産が英国工場で成功すれば、ライバルのトヨタとホンダも競って進出するはずである。[69] 英国部品供給産業が経営・生産ノウハウを日産から吸収できれば、間接的にBL本体への好影響も期待できる。[70] サッチャー政権は、「国益の観点から計算したうえで、腹を決めて橋を渡る」ことで一致した。[71] しかし、秘密は絶対に漏れてはならない。交渉が成功すれば大きな手柄になり、英国経済への貢献も大きいが、失敗すれば政権の命取りになりかねないからだ。日英関係への影響も懸念された。

大熊はIBBとのやりとりの中で、イギリスへの進出計画が他のEC加盟国よりも最優先の案件であると伝えつつ、[72] 他の加盟国から部品調達する可能性を打診した。[73] しかし英国政府にとり、八〇%という英国内での高い現地調達率（生産される車を構成するすべての部品のうち、日産工場が英国内で供給を受ける部品の割合。別名、国産率）は、譲れない線だった。一九八〇年九月、英国部品産業は日産に現地調達率九〇%前後を要求するよう、英国政府に求めた。[74] しかし貿易産業省は、「EC法によれば四五%で十分」と認識しており、[75] 強すぎる要求で誘致が失敗することを恐れ、[76] この要求を握りつぶした。他方で、低すぎる現地調達率は、組み上げたエンジンなど、日本からの重要「部品」の輸入急増につながるため、貿易収支改善のためにも、英国部品産業の生き残りのためにも、政府は高い率を欲した。EC市場でも英国市場でも「英国製の車」と認められるため、現地調達率が最終的に八〇%に到達することは必須であり、サッチャー自身がこれを再三確認した。[77] 英国産部品を購入する投資（工場新設）だからこそ歓迎するのであり、日産側も英国政府の意図を理解していた。[78] 貿易産業省は年間一〇万台生産できる工場を新設するための投資額を、一億五〇〇〇万から二億ポンドと見込んだ。[79]

日産誘致がイギリスにとり、他のEC加盟国に対する輸出優位確保のための死活的な国益であるからこそ、他の加盟国の強い反発が見込まれた。これは大熊も会談の際に指摘していた。EC諸機関の反応も大きな懸念材料だった。特に欧州委員会のエティエンヌ・ダヴィニョンがイタリアの自動車大手フィアットのアニェリ会長との非公式な会話の中で、日系企業によるEC域内現地生産への移行に対して敵対的な発言をし、「市場攪乱にあたる」と述べていたと、外務英連邦省より伝えられた。[80]ダヴィニョンはベルギー外務省に勤め、ベルギー外相に就任した後、一九八一年から八五年まで欧州委員会副委員長となった人物だった。石原社長の欧州行脚は、根回しとして機能していなかったのである。イギリスの誘致交渉は、「自由貿易」を標榜しているはずの欧州委員会よりも先駆的な発想だったのである。英国工場製の日産車は、何としてもイギリス政府が全力をあげて「英国製の自動車である」とECレベルで認めさせなければならない。そのためにも、日産には英国における部品の現地調達率を高く保ってもらわなければ、英国産業界と英国世論の理解が得られない。

日産側も他のEC加盟国の強い反発を恐れ、英国政府の公式な支持表明と継続的なサポートを必要とした。英国政府も日産の恐れを察知したうえで、日産の投資計画が頓挫した場合には、日英二国間関係の悪化にまで至る、と見込んでいた。[81]日産側としては、英国工場は英国市場のみならず、EC市場全体への輸出を最初から見込んだプロジェクトだった。ゆえに、他の加盟国が英国工場産の日産車を「英国製」と認定せず、日本製と同じ差別的排除を試みた場合、一企業に過ぎない日産が単独で立ち向かうには限界がある。日産がイギリスに工場を建設することを他のEC加盟国が合法的に阻止することはできないが、イギリスからの輸入を「現場レベルで」妨害する手段は残されていた。[82] 英国政府が日産とともに反論し、そのような不当な扱いをECの欧州司法裁判所へ提訴するなど、共闘する保証がほしかった。後にフランス政府が英国製の日産車を「EC製と認めない」と圧力を掛けたことを考えると、[83] この読みは当たっていたといえる。英国市場でのシェア拡大のためにも、通商摩擦をとおして広がった日本車に対する悪いイメージを払拭する必要があった。[84]

記者会見の準備

石原社長は大熊と少数のスタッフのみで英国工場計画をまとめ、一九八〇年一一月一七日に英国政府に提出した。内容は、年産二〇万台、生産車種は新たに前輪駆動車として投入する小型車サニー（現地名バイオレット）、工場の建設開始が八二年、生産開始は八四年で、この時点での現地調達率は六〇％という内容だった。[85] 投資総額は一億七五〇〇万ポンド、年産二〇万台のフル生産は八六年から見込まれ、この時点で現地調達率八〇％達成を目指すこととされた。貿易産業省の予測よりも太っ腹な予定生産台数であり、日産が日本国内に持つ工場と比べても最大級の生産台数だったため、[86] サッチャー政権が色めきたったのは不思議ではない。サッチャーは議会で「われわれは日本を批判する代わりに、日本からもっと学ばなければならない」と演説するほどだった。[87] この瞬間から、日産工場誘致プロジェクトはコードネーム「クイック・シルバー」と呼ばれ、[88] サッチャー首相と側近、貿易産業省と財務省の担当者数人のみが知る極秘プロジェクトとして、静かに本格始動した。一二月一一日の閣議にかけられた日産の進出計画は、一七日に閣議の同意を正式に得ることができた。(89)

英国政府と日産は、年間生産台数は一〇万台から始める、現地調達率は最終的に八〇%を目指す、工場の立地は日産が決める、建設に必要な財政支援については継続交渉する、などの重要事項について基本合意に達した。そこでサッチャー首相による了承のもと、(90)日産と貿易産業省が合同の記者会見を開くよう模索した。一九八一年一月五日、東京でコータッツィ駐日大使が石原社長に対し、「英国政府は日産の英国進出を全面支援する」(傍点は筆者)と伝え、「同月二九日に英国下院で産業閣外相による記者会見を開き、進出計画を公表したい」と打診してきた。(91)コータッツィ大使の言い回しは、日産進出決定を既成事実として扱っているように聞こえた。

会見まで一週間にせまった日、経営会議で初めて計画の全貌を聞いた川又会長は、激怒した。

企業の目的は慈善事業ではない。営利事業なのだ。何で一民間企業のプロジェクトを産業国務大臣がわざわざ議会でアナウンスするんだ。FS〔フィージビリティ・スタディ〕でまずい結果が出たら「やめます」と言えるのか。議会で公表するということは、日産が英国に進出を公約するのと同じなんだ。今からでも遅くはない。英国政府に議会で発表するような愚行はやめさせなさい。(92)

場は凍りつき、静まった。しかし石原社長は反応せず[93]、気まずい沈黙が流れた。結局、日産はロンドンで共同会見に臨むことになった。

英国政府にも慌ただしい動きがあった。記者会見まで数日にせまった時点で、外務英連邦省はサッチャー首相に対し、慣例に従い、会見前日にフランス政府に発表内容を事前通告するよう進言した[94]。しかし貿易産業省がこれに反対し、「事前通告したとしても、反発を弱める効果はほとんど期待できない[95]」と忠告した。フランス政府の一部に根回しをしても、フランスの世論と同業他社のライバルたちの猛反発を抑えることにはつながらないからだ。サッチャーは貿易産業省の進言を聞き入れた。何かを察知していたのか、先立つ英仏首脳会議で、フランス政府から日系企業の誘致に関して強く牽制されていた[96]。毅然として臨まなければならない。サッチャーは首相就任直後、ECへの拠出金をめぐってフランスのヴァレリー・ジスカールデスタン大統領と激しく対立して以来、フランス政府首脳の政策（および人柄に至るまで）違和感を覚えることが多かった[97]。怒り始めると感情的になるのが彼女の欠点だったが、まもなく冷静さを取り戻すのが救いだった。日系企業の対英進出にフランス政府が口出しするなど、言語道断。余計なお世話だ。それをはっきりと思い知らせてやる必要がある。サッチャーの即断により、記者会見は事前通告なしの緊急会見となった。会見の二日前、一月二七日に貿易産業大臣と日産の間で会見の内容について合意に達し[98]、スタッフの間で会見後の質疑応答に備えた摺り合わせが行われた。

英国進出計画の発表会見

日産のイギリス進出を発表する記者会見は、一九八一年一月二九日夕方、英国議会下院で開かれた[99]。世論の沸騰と労組の反発を避けるため、議会でＢＬへの支援策が公表された後に共同会見が設定された[100]。会見には大熊副社長、久米常務と、ノーマン・テビット産業閣外相が臨んだ。日産の進出計画の概要は、すでにテビットが議会内で発表済みだった。その内容は[101]、日産がイギリス国内で現地調査を行ったうえで、エンジン組立工程も含めた年産二〇万台の完成車組立工場を、八〇〇エーカーの土地に新規に建設する計画であること。一九八二年に工場建設を開始し、八四年に生産開始、この時点での部品の現地調達率（英国内ではなくＥＣ内）は六〇％とされた。年産二〇万台の達成は一九八六年とされ、この時点までに現地調達率を八〇％に引き上げること。英国工場からの輸出も予定され、新規雇用は四〇〇〇人から五〇〇〇人、投資額は一〇〇〇億円を予定した[102]。テビットはさらに、日産側の最大の懸念が現地調達部品の品質と、労使関係（の悪さ）だと短く言及し[103]、英国政府の支持と支援を表明した。

テビット閣外相は記者会見において、英国政府の温かい歓迎の意を表明し、発表内容に対する質問を受け付けた。すかさず、工場の立地についての質問（というよりも「開発指定地域に誘致してほしい」という要望の声）が飛び出た。これに対してテビットは「立地は日産に一任している。政府が口を出す結果として、日産にとって採算の合わない地域が選ばれないよう、気をつけている」と答えた。[104] 大熊がこれに加え、「二、三の開発地域および特別開発地域を念頭に、日産が受けることができる財政支援について検討している」と答えたところ、スコットランド、ウェールズ、北アイルランド出身の記者らの質問が殺到した。[105] テビットが口を挟み、「大熊氏は英語が大変ご堪能で、私の話す日本語よりも格段にお上手ですが、残念ながら、あなた方のきつい訛りで一斉に質問されても聞き取れません。お一人ずつ、はっきりと発音して質問願います」と冷ややかにたしなめた。[106]

その後も候補地や財政支援の額を聞き出そうとする質問が続いたが、二人の口は堅かった。他方で、英国工場からの輸出可能性について、二人は饒舌だった。大熊は特に現地調達率の目標値が高いことに触れ、英国工場を持つ日産は、英国企業（と見なされるべき）であることを強調した。また大熊は他業種の日系企業が英国拠点を成功裏に立ち上げていることに触れ、イギリスがECの中で最良の立地であることを強調し、英国世論の理解と歓迎を求めた。[107] 会見は大盛り上がりだったが、その内容は、日産が英国工場の立ち上げを検討しており、会見後、四カ月のフィージビリティ・スタディを予定している、ということに過ぎなかったのである。

共同会見をとおして判明したことは、発表の時機と内容に注意をはらわないと世論が過剰反応すること、そして、工場の立地と財政支援の総額に対する世論の関心が非常に高いことだった。情報管理を怠った場合、政権にとって致命傷となることが改めてわかった。英国政府は、ヒース政権の失敗を忘れていなかった。開発地域がばらばらに日産本社に接触して交渉を混乱させないため、[108] 開発地域代表の参加を工場用地の選定交渉に限定し、他の政府交渉から排除した。貿易産業省は、現地調達率と財政支援について日産本社と交渉することに専念した。工場の立地は日産に一任し、政府は提案を控えた[109]。八つの候補地は、会見後まもなく公になった[110]。北東イングランドの三カ所（イーグルズクリフ、イングルビー・バーヴィック、サンダーランド）、ウェールズの三カ所（ランウェアン、ウェントルーグ、ショットン）、そしてスターリングボローと北キリングホルムだった。以降、日産の新工場を地元に誘致するため、各自治体、開発公社および労組の間で熾烈な競争が展開されることになった[111]。

記者会見後、サッチャー首相はすぐに「歓迎する」との談話を発表した。この発表により、日産の進出が既成事実化したかのような空気になってしまった[112]。日本国内も発表によって騒然となり、株式市場では日産株が売られ、値が落ちた[113]。日産の収益悪化に対する懸念が理由だった。サッチャー政権にとっても石原社長にとっても極秘を貫いたプロジェクトだったため、日産内部ですら話が共有されていなかった。記者会見のわずか三日前、石原社長は自動車労連に対して「英国は日本と異なり職能別組合で一つの工場の中にいくつもの組合があり［中略］一本化できるかどうかを調査してほしい」と打診した[114]。本来であれば、記者会見を行う前に入念に下調べをする必要のある内容であり、工場の生産性や採算に直結する重要な点である。しかし石原は労連の塩路会長に十分に相談することなく[115]、共同会見に踏み切ってしまった。北米乗用車工場の新設を求めたフレーザーUAW会長の来日と時期がかぶってしまい、彼を激怒させることになった[116]。

自動車労連の塩路会長と同様に慎重姿勢を示したのが、日産の川又会長だった。経団連副会長を務める川又は財界活動に専念し、石原社長の経営に口を挟まないようにしていたが、今回は違った。フォルクスワーゲンやアルファ・ロメオ、モトール・イベリカとの合弁は規模が小さいプロジェクトだったが、英国工場計画は日産にとって「伸るか反るかの大事業」であり、日産の財務内容が悪化しかねないものだった。[117] 銀行出身の川又らしい[118]、現実的な懸念であった。

一方、日産の英国進出計画発表はイギリスを含む欧州現地で、フランスを除いて（少なくとも表向きには）好意的に受け止められた。[119] 貿易摩擦を緩和するために対日交渉にあたっていたECの欧州委員会も、原則的に歓迎した。サッチャー政権にとって意外だったのは、英国労組もおおむね歓迎の意向を表明したことだった。貿易産業省はイギリス国内の労組の出方に神経を尖らせていた。政権は雇用省経由でTUCの指導者、リオネロ・マレー書記長に根回しをし、傘下の労組が日産進出を肯定的にとらえるよう、働きかけていた。[120] その甲斐あったのか、TUCは共同会見の直後に「日産の進出を歓迎する」と報道向けに短い談話を発表した。[121] 一九七〇年代中盤の労働党政権下、日系企業の対英進出を潰した英国労組の戦闘的な姿勢は、薄れ始めていた。

日産は会見直後の一月三〇日、英国乗用車工場建設計画のフィージビリティ・スタディ開始を発表した。これを機に英国政府内の関連文書の機密レベルが落とされ、コード名「クイック・シルバー」の関連文書は広く政府内で回覧されるようになり、コードネームは使われなくなった。[122] 日産は三月にフィージビリティ・スタディ・チームを発足させ、イギリスの政治経済動向をはじめ、政府補助金、立地選定、部品の現地調達、労働事情などについて現地調査にとりかかった。[123] 他方、交渉にあたる貿易産業省も、自らの立場を明確にする作業に追われた。当初、選択的資金援助（Selective Financial Aid）は日産側に提案せずに交渉し、日産に八〇％以上の現地調達率を約束させる際の切り札として使うこととされた。[124] 自動車産業に対する公的支援をECレベルで禁止するべき、との声がブリュッセルの欧州委員会内で上がっており、その理由はＥＣの自動車市場が飽和状態にあることだった。[125]このような要求に対して英国政府は抵抗してきたが、日産に対して政府支援を提供しづらい状況に置かれていた。また、現地調達率をどのように測定するのか、そもそも日産にどれくらいの数値を要求できるのか、この時点ではわからなかった。日産のフィージビリティ・スタディの結果を見てから判断するしかなかったのである。[126]

静かに広がる大陸ＥＣ諸国の反発と、イギリス側の反論

ブリュッセルの欧州委員会には、各加盟国から選ばれた人材が欧州官僚（ユーロクラット）として集まり、ＥＣの行政府としての役割を担っていた。イギリス出身の歴代ユーロクラットは、日本に対する差別的な扱いや言動に対して敏感だった。[127]一九七〇年代にフランソワ・グザビエ・オルトリ委員長のもとで副委員長を務め、ＥＣの対外関係を担当したサー・クリストファー・ソームズは、日本に対して貿易摩擦の緩和を訴えつつ、常に日本に対する不当な扱いや言動に気を配っていた。ソームズの慎重姿勢は、その後ドイツの労働運動出身委員がＥＣの対外関係担当（欧州委員会副委員長）に就いた際に、引き継がれなかった。「日本の輸出が欧州の失業を生んでいる」という、統計上の論拠の怪しい主張が、ＥＣ加盟国政府だけではなく欧州委員会によって主張されるようになったのである。[128]ＥＣ域内の失業率が高かったことは事実だが、それが二度の石油危機の結果なのか、日本からの輸入急増によって生じた企業倒産と解雇によるものなのか、必ずしも明確ではない。

一九七七年一月以降、欧州委員会の委員長はイギリス出身のロイ・ジェンキンズであったが、EC全体の対日姿勢が硬化する中でも、イギリス出身のユーロクラットや欧州議会議員はソームズ以来の慎重さとデリカシーを引き継いでいた。それだけでなく、彼らは「日本（人）を差別的に扱わない」という消極的な親日姿勢に加え、八〇年代に入ると、より積極的に日本（企業）を弁護するようになった。それは、日系企業の拠点を誘致しようとする本国のサッチャー政権の方針と一致するものだった。サッチャー政権下で駐日大使を務めたサー・コータッツィも、「英国の失業率上昇の主な原因は日系企業が英国市場を席巻したからであるという考えは、間違っている」と強調し、日本に対する誤解を解くために尽力した。[129]

EC諸機関に勤めるイギリス人の主張にサッチャー政権のカラーが色濃く反映された例として、一九八一年にまとめられた、日系企業による対欧投資を歓迎する欧州議会の報告書が挙げられる。欧州議会の対外経済関係委員会は一九八一年六月、『対日経済関係についての調査報告書』を発行した。[130] 報告書はイギリスの選挙区から欧州議会議員に選出されたサー・ジョン・スチュワート・クラークによって作成された。報告書は、欧州委員会を中心に日本の貿易収支黒字削減に向けて圧力をかける必要性を強調しつつ、委員会が域内の「隠れた保護主義」を調査するべき、と述べている。いわく、現状のECは保護主義のパッチワークでしかなく、「一九八〇年代というよりも五〇年代を生きている」と痛烈に批判している。日本への輸出拡大によって貿易収支不均衡を解消するため、EC諸機関が中小企業や労組に情報提供をする必要を指摘し、域内への投資を呼び込むため、日本政府とECが共同で投資事務所を開設することを提案している。報告書はイギリス経済の開放性を称賛しつつ、それゆえにイギリスがEC内で最大の対日赤字を抱えていると分析し、イギリスよりも赤字額の少ない他の加盟国が保護的措置に訴えることを牽制している。報告書は、日本の第三国市場への輸出競争力が強いことを指摘し、EC市場から日本の輸出を締め出しても、世界中の他の市場で日本に負けると警告する。報告書は日本からの投資を呼び込む重要性を強調し、EC現地工場建設を称賛しつつ、進出してきた日系企業に現地調達率を高く保たせるよう提案している。

クラークの報告書は、翌一九八二年にサッチャーがまとめさせた『対日報告書』の内容を先取りしていた[131]。これについては後述する。サッチャーによる日産工場の誘致交渉は、イギリスの対EC外交を他の加盟国に比して最も先導的なものにし、自由貿易という名の正論を、独仏はじめ大陸のEC諸国に説くまでに至らしめた。こうした優等生的な提言に苛立ったドイツ自動車業界の関係筋が、イギリスを「日本のトロイの木馬」呼ばわりしたのは[132]、無理もなかった。ホンダがBLと技術提携した際、すでにイギリスは他のEC加盟国から「日本のトロイの木馬」呼ばわりされていたが、今回の日産進出計画発表により、この評判は定着してしまった[133]。

イギリス側も負けていなかった。一九八一年一月の共同会見において、工場用地の選択について殺気立つ地方出身者を冷ややかにたしなめたノーマン・テビット産業閣外相も、今度は態度が違った。彼は毅然として、「イギリス人にとっては、イギリス人労働者が作った日本車を買うほうが、トルコ人が組み立てたドイツ車を買うよりも、どれほどいいことか」と返した[134]。彼は別の機会に、「ドイツ工場でトルコ人が組み立てたフォルクスワーゲン車をイギリスで買うことと、イギリス人労働者が組み立てた日産車をドイツへ輸出することは、どちらもまったく正常な競争である」と述べ、「公正で正しい競争が好きなドイツ人なら、当然わかることだ」（傍点は筆者）と嫌味を付け加えた[135]。一歩も譲れなかったし、譲る気もなかった。

第四章

サッチャー政権の日産工場誘致交渉

英国工場正門

石原社長の欧州事業

一九七七年八月より自工会副会長を務め、八〇年五月に会長に就任した石原社長は、英国工場の立ち上げに際し、日産の発展のみ考えていたのではなかった。自工会会長として、日欧通商摩擦を軽減し解消へ向かわせる必要があり、[1]そのための対英進出である、と鼻息が荒かった。一企業のキャパシティを超えたこのような自意識が、日産の経営に与えるインパクトを見逃す結果を招いた、との批判がある。[2]しかし日産の誘致交渉が最初からEC市場への輸出を織り込んでおり、それゆえサッチャーの対EC外交に大きな影響を及ぼした事実は見逃せない。これが歴代政権のEC外交に比べ、かつてない積極性と先駆性をもたせるに至ったと言える。他方、一九八〇年を「日産の時代の終焉の年」と評する厳しい見方もある。[3]

一九八一年一月末の共同会見以降、サッチャーは石原と会談することを願った。会見は、日産が英国進出を考えている、という内容に過ぎなかったからだ。サッチャーは焦っていた。日産の現地調査団は欧州各地をまわり、アルファ・ロメオやフォルクスワーゲンと次々に提携を発表し、貿易産業省を苛立たせていた。すでに日産は一九八〇年一〇月にアルファ・ロメオとの間で合弁事業について契約を交わしていた。[4]一九八一年七月にイタリア南部で新工場建設に着手し、パルサーをベースとした小型車の生産に移ろうとしていた。日産社内では長期赤字を見込んでいたが、合弁は強行された。[5]貿易産業省をはじめ、サッチャー政権が最も恐れていたことに、日産が手を染め始めていた。イギリス以外のEC加盟国に現地工場を建設し、その工場から（イギリスを含む）他のEC加盟国へ輸出することである。イギリスの貿易収支悪化を懸念する財務省も、貿易産業省と同様に日産英国工場による対EC大陸輸出にこだわった。[6]

追い打ちをかけるように、日産は一九八〇年一二月、フォルクスワーゲン車サンタナを日本（座間工場）で生産することに合意し、翌八一年九月に契約を結んだ。[7] これは「日本市場への欧州メーカーの参入に協力するための第一ステップ」と目されたが、この提携が発展すれば、ドイツ国内のフォルクスワーゲン工場で日産車を将来的に生産する可能性が出てくる。フォルクスワーゲン車の日本生産は、日欧貿易摩擦が激化する中で、EC加盟国の対日輸出を促進してEC側の大幅赤字の解消を目指す一環だった。このような取り組みは、一九七八年三月に発表された日・EC（牛場・ハーファーカンプ）共同声明の精神と合致していた。[8] しかし日本での販売台数が順調に伸び、それを維持できなければ、中・長期的な摩擦解消にはつながらない。サンタナの販売は伸び悩み、七年間で五万台ほど売れたが、[9] まもなく提携は中止された。自工会会長に就任して間もない石原が手柄を急いだ可能性は否定できない。この時期の日産の欧州進出を「脈絡のない海外進出」と批判する意見があり、一理ある。少し見方を変えれば、一層のインセンティブ（財政支援）を日産に提供するようサッチャー政権に揺さぶりをかける、という位置づけも可能であろう。その意味で、ドイツやイタリアの自動車メーカーとの提携発表は、一定の役割を果たしたと言える。しかし赤字の金額を考えると、高くつく陽動作戦となった。

日産によるイギリス現地調査

日産は一九八一年一月の会見後の三月にフィージビリティ・スタディ・チームを発足させ、現地調査にとりかかっていた。川合勇常務に率いられた調査チームは候補地を一つ一つ回り、イギリス内外の部品供給産業を八〇社近く訪問した[10]。貿易産業省は期待と不安の入り混じった眼差しでこれを見守り、本格交渉が一九八一年の夏に始まると見て準備した[11]。英国メーカーは不振に苦しんでいるが、部品供給産業の競争力は依然として高い、という自負があった[12]。

しかし日産が英国内で行った調査の結果は、芳しくなかった。英国製部品の信頼性の低さ[13]、イギリス国内の生産コストの高さに加え、ポンド高の為替レートでは[14]、対EC輸出が難しい[15]、との試算が出てしまった。調査チームは、極秘扱いの報告書に「八四年の生産開始から七年間は赤字が続き、八年目に黒字に転換するものの、十年経っても累積赤字が三百億円も残る」と書いた[16]。日産による一回目のフィージビリティ・スタディの内部情報がすぐに洩れ伝わり、「日産が一〇年以内に投資額を回収できないという試算が出ている」とイギリス政府内で噂された[17]。これでは日産が尻込みし、対英進出を撤回する可能性がある。サッチャー政権は困惑した。イギリスにゲインが多いなら、日産も（長期的には）同じはず[18]。是が非でも日産を誘致しなければならない。英国政府は、日本車に対する他のEC加盟国の非難が強まっていること、それ以上に、米国が日本車の輸出に対して輸出自主規制を求めていることを、日産との交渉で譲歩を求める材料に使うことを考えた[19]。最大の切り札は、日産英国工場で組み立てた日産車が現地調達率を高く保てば、英国製日産車は自主規制台数に含めない（つまり英国市場での販売も対ＥＣ輸出も自由）、という提案だった。問題は、日産が英国政府の示す条件を呑むかどうかである。

折悪く、大熊副社長はメディアの前で英国製部品の調達に対する不安を口にしてしまった。「日本車の品質基準を維持するうえで（現地調達部品に）問題が生じえないわけではない」[20]と、大熊は一般論に近い私見を述べたに過ぎなかった。大熊は現地調査から帰国する直前、貿易産業省の担当者にも「英国内の部品コストを見る限り、（英国工場からの対ＥＣ）輸出で利益をあげるのは難しい」と伝えていた。[21] 日産の動向を過剰に注視する現地において、これらの言葉は独り歩きしてしまった。労働運動関係者は、態度を硬化させた。「高い失業率を懸念するあまり、（日産が進出しても）問題は生じないと組合が発言せざるをえなくなることを憂慮している」[22]という言葉が示すとおり、日産の進出に対して注文をつけることすら許されない「空気」に対し、不満が噴出したのである。一九八一年五月、ＴＵＣストックトン支部大会は、ＢＬおよび英国自動車産業で働くすべての労働者への連帯と、日産の工場建設への反対を決議した。[23] 他のＥＣ加盟国のみならず、イギリス国内においても、日産を「トロイの木馬」と見る向きがあったのである。期待の大きさの裏には、受け入れに対する不安の大きさがつきまとっていた。

他方、日産の役員会も英国進出をめぐって割れていた。サッチャー政権は日産側に対して強く出ることも一つの選択肢として考えたが、決断できなかった。大熊副社長が一年前の初接触の際に、「イギリス以外のＥＣ加盟国から部品調達する可能性」を打診していたからだ。[24] ドイツのボッシュ

（電子機器）やコンチネンタル（タイヤ）をはじめ、フランスのミシュラン（タイヤ）、サンゴバン（ガラス）、イタリアのピレリ（タイヤ）など、大陸諸国の部品供給産業は強豪揃いだった。イギリス以外の国から重要部品を大量購入されては、イギリス国内の現地調達率が八〇％を割り込んでしまい、イギリス経済への貢献が少なくなってしまう。なんとしても八〇％要求を堅持しつつ、かつ日産を撤退させない交渉戦術が必要だった。日産が大陸諸国から部品を買う動機は、部品の信頼性や製造コストに加え、英国工場製の日産車をこれらEC加盟国に輸入してもらう動機づけになることだ(25)。そこでイギリス政府は、現地調達率八〇％を主張しつつ、補助金や財政支援によって日産を引き留めようとした。日産の進出コストの中で大きな比重を占める工場建設と設備購入にかかるお金を浮かせる戦術に出たのである。

水をさすSMMT

サッチャー首相自らが日産プロジェクトを歓迎したことも手伝い、貿易産業省を中心に英国政府は歓迎一色に染まりかけていた。これに対し、自工会と輸出自主規制台数を毎年交渉し、日系メーカーのライバル企業を傘下に抱える業界団体であるSMMT（英国自動車製造販売協会）は、日産の進出に冷ややかだった。完成車を組み立てる英国メーカーも、工場に部品を供給する部品産業も、日産の進出に否定的だった。日産に現地調達率八〇％を守らせても、日系の部品産業から英国メーカーが部品を購入するはめになる（つまり英国部品産業がこれまで供給していた分を、日産が連れてくる日系部品サプライヤーに奪われる）懸念を払拭できなかったからだ[26]。SMMTが「日産の進出を歓迎する」と発表したのは、日産を熱烈歓迎する貿易産業省に気を使った、社交辞令に近かった。彼らにとり、日産は紛れもなく「トロイの木馬」だった[27]。

一九八一年一月末の共同会見からまもない五月、SMMTは英国政府の熱狂ぶりに水をさす進言を行った。『日産英国工場が英国自動車産業に与える影響』と題する報告書は、日産の英国進出を英国経済に好影響を与えるものにするための提案を、一三頁にわたって列挙した[28]。冒頭で「現時点で（日産英国工場についての）正確な情報が手元にない」としたうえで、真っ先に問題として挙げられているのが現地調達率の測定方法だった。「イギリスにしろ、大陸のEC諸国にしろ、完成車を組み立てるために必要な部品を一〇〇％（英国内で）供給できる」という自負があるため[29]、日産が日本から部品を持ち込むことをSMMTは許せなかった。日産が提示した生産車種も、SMMTの批判を受けた。日産が英国工場で生産を予定している一六〇〇ccの車は、日産が日本から輸出している車よりも大きい車種のため、SMMTは日産の意図を「輸出自主規制の回避」と疑った[30]。このままでは英国メーカーの市場シェアがさらに減少するため、日産の進出は英国メーカーの減産、減益、そして失業の増加につながる、とSMMTは警告した[31]。英国市場の一四％を日産が占め、日系メーカー合計で二〇％までシェアを伸ばす見込みだった。為替レートが悪化すれば、大陸への輸出はさらに減り、在庫の日産車が英国市場でダブつくことになり[32]、英国メーカーのシェアをさらに減らすことになる。SMMTは、日産が大陸のEC諸国から部品を買う危険についても警鐘を鳴らし、日産に部品を英国内で調達させること、英国工場から「十分な」輸出をすること、そして日本からの輸出を削減させることを求めた。[33] 特にエンジン組立工程を英国工場に持たせることに、こだわった。

ＳＭＭＴは、日産との交渉の中で現地調達率とその測定方法について厳密に定義できれば、日産の進出は英国経済と自動車産業にとってプラスになりうる、と結論づけた。一方、北米資本のフォードはＳＭＭＴとは別ルートで国会議員に働きかけ、日産の進出が同業他社の減益と失業増加につながると警鐘を鳴らした。[34] これに同調し、サッチャー政権の中には、日産工場によって創出される雇用見込みを貿易産業省が楽観的に計算し過ぎている、と批判する意見が出始めた。貿易産業省は関連産業の雇用創出数を二万から二万五〇〇〇人と見積もっていたが、これは「合理化が必要」と批判を受けているＢＬの関連産業よりもはるかに大きい数であり、ＳＭＭＴは「〔日産進出によって生まれる雇用は〕一万五〇〇〇が妥当」と見ていた。[35] 政権内外で意見が割れていた。

六月一八日にＳＭＭＴの代表団と会談したノーマン・テビット貿易産業閣外相は、ＳＭＭＴの進言の中で、日産に現地調達率を厳密に守らせる重要性については同意した。[36] ＳＭＭＴと貿易産業省の最大の違いは、日産工場を他のＥＣ加盟国に奪われる危険について、前者がほとんど考慮していないことだった。[37] ＳＭＭＴには英国工場を持つ米仏メーカーも加入しているからだ。イギリスの国益を最優先する貿易産業省は、他国に工場誘致を奪われるシナリオに敏感であり、ＳＭＭＴの英国市場に対する見方が悲観的過ぎることを問題視した。ＳＭＭＴの試算によれば、英国工場製の日産車が年間一五万台生産されると、英国メーカーは四万五〇〇〇台から七万台のシェアを失うことになっていた。[38] 貿易産業省はＳＭＭＴよりも楽観的な市場予測をしたうえで、英国工場で作られた日産車を「英国産」と定義し、日本車の対英輸出台数を制限する日英自動車輸出自主規制の枠に入れて数えない、と決めていた[39]。日産に対する政府と業界の足並みは、揃っていなかった。

SMMTと距離を置いて国益（外資企業による英国経済への貢献）にこだわり、ドイツ車メーカーの横槍に容赦なく反撃するテビットに対し[40]、TUC傘下の労組は信頼を寄せた。テビットは保守強硬派に属し、中道左派の労組が親近感を覚える人物像からは程遠かった。TUCを束ねるリオネロ・マレー書記長は、テビットのことを「笑顔のまま、こちらの腹に膝蹴りを入れてくるタフな相手」と評しつつ、「腹を割って交渉でき、実のある妥結をもたらし、約束を守る男」と、手放しに近い賛辞を送っている[41]。サッチャーが頻繁に党派色をむき出しにして労組叩きに熱中したこととは対照的に、貿易産業省をはじめ交渉担当者たちは党派色を抑えてイギリスの国益を最優先し、労組にも協力的に応じていた。このことが、後に日産との交渉を妥結に至らしめる決定的な要因となった。

労組を巻き込んだ工場立地をめぐる綱引き

イギリスの業界団体であるSMMTの慎重姿勢に、TUC傘下の労組も同調した。TUC書記長のリオネロ・マレーは、日産と英国政府の共同会見直後に声明を発表し、次のように述べた[42]。

これまで行われてきた日本の対英投資は、イギリス人労働者に雇用をもたらす肯定的なものであった。それは、現地調達率、輸出競争力、そして労使交渉枠組みについて当事者間で明確な合意に達してきたからである。これらすべての要素の重要性は、特に自動車産業にあてはまる〔ので、尊重されることを望む〕。

TUCは留保をつけつつ、日産の対英投資と新工場の建設を原則歓迎した。マレーは労組代表として、新工場での単一労組協定の締結を否定することなく、他方でSMMTと同様に、日産に現地調達率を高く保たせることへの強いこだわりを見せた。

日系企業（の進出）に対する組合員の反発と、日産新工場での組合活動を奪い合う労組同士の対立が予想されることから、全国レベルで産別組合を束ねる立場にあるTUCは、自らの立場を明確にする必要が出てきた。日系メーカーとBLの間のジョイント・ベンチャーよりも、日産のような単独進出による新工場立ち上げのほうが、英国労組にとって厄介、とTUC幹部は判断した(43)。新工場では旧来の英国労働運動の戦術が通用しない可能性が高く、それゆえ部品の現地調達率を高く保たせるうえで、労組の交渉優位が少ないからだ(44)。TUC幹部は、日系メーカーのコスト競争力が世界一であることを十分に認識しており(45)、それゆえ完成車の組立てに必要な部品を日産がイギリスではなく大陸のEC諸国から購入する危険を予知していた(46)。EC法によれば、日産はイギリスで部品を調達する必要は必ずしもなく、下手に現地調達率の高さにこだわれば、新工場建設プロジェクトをベルギーなどに持って行かれる危険を見込んだ(47)。

感情的な反日では通用しないし、労使交渉枠組みについての安易な妥協も許されないため、TU

Cは成熟した対日観を組合内で形成し、共有する必要が出てきた。そこでTUCは、発足以来初めてとなる英国自動車産業についての包括的な研究に着手し、TUC全体の統一見解を内外に示すことにした。労働党から同様の共同研究に加わるよう誘われていたTUCはこれを断り、TUC独自の研究を終えてから党との共同研究に参加することにした[48]。研究は一九八一年七月にTUC経済委員会のもとで始まり[49]、第三版を作成するまで傘下の労組の意見を汲み上げつつ書き改められ、八三年一一月に報告書が完成した。報告書は貿易産業省のロビン・モントフィールドに提出された[50]。TUC幹部はこの報告書の作成にあたり、日系企業の対英投資に関する労組のためのガイドラインを作成すると同時に、英国製造業全体を立て直す第一歩とすることを目指した[51]。研究は二部構成で進められ、前半は英国自動車産業をはじめ製造業全般の弱点の分析に費やされ、後半では、これから採るべき政策の提言が行われた[52]。内容については後述する[53]。

自動車産業についての指針を明確化する一方で、TUCが一貫して距離をとり続けた問題が、日産工場の立地だった。英国政府がこの問題を日産に一任して距離をとったのと同様に、ナショナル・センターであるTUCも、特定地域に肩入れをして誘致交渉を混乱させることを恐れ、警戒した。傘下の組合からは、北ウェールズに誘致することをTUCの全体方針として決議するよう求める動きが出始めていた[54]。候補地ショットンを含め、衰退に直面する鉄鋼業を擁する北ウェールズは、自動車産業の工場を誘致するために地元をあげて必死だった[55]。BLが市場シェアを落としたせいで、鉄鋼業は悲鳴をあげていた。しかしTUC幹部はこの要求を却下し、中立を貫いた。

日産が工場建設候補地としていたのは、北東イングランドの三つの地点、サウスハンバーサイドの二地点、およびウェールズの三地点だった。[56] 川合勇常務が率い、一〇名からなるフィージビリティ・スタディ・グループは、一九八一年四月に八つの候補地を視察して回った。候補地はいずれも開発地域であり、イギリス政府からの補助金が日産との交渉如何にかかわらず自動的に認められるが、[57] 北東イングランドの二地点とウェールズのショットンは特別開発地域に認定されていた。特別開発地域に工場を建設する際は最高率の補助金が新設工場、建屋、機械設備などに自動的に与えられた。[58] 四月二三日と二四日、貿易産業省の担当官に付き添われた一行は北東イングランドを訪れ、ティーズサイドとサンダーランド空港跡地を視察した。[59] 現地の労組をとりまとめるTUC北部支部からは五名の労組指導者が参加し、一行を歓迎した。[60] 後述するが、北東イングランドの労組は交渉開始時から覚悟を決め、周到に準備していた。[61]

視察団一行は訪英中、北東イングランドにある日本精工のピータリー工場も視察した。目的はイギリスにおける労使関係を視察することであり、これは自動車労連が計画したものだった。[62] ピータリー工場は一九八一年時点で二〇〇人の現地従業員を雇い、三交替シフトで年間二一〇〇万個のベアリングを生産していた。ベアリングは自動車エンジンをはじめ、様々な箇所で使われる重要な部品であり、ピータリー工場で生産されたベアリングの八〇%は大陸のEC諸国に輸出された。[63] 一九七四年以来、南ウェールズのブリジェンド工場でカラーテレビを生産するソニーも、八一年の時点で七五〇人を雇い、年産一五万台を誇り、その半分を大陸EC諸国に輸出していた。[64] これら日系企業に対する貿易産業省の評価は高く、ソニーは一九八〇年四月に日系企業として初めてエリザベス二世から「輸出企業賞」を授与された。[65] 日産経営陣も、これに注目していた。[66] 無論、日系企業の英国工場で生産される高品質な製品は、日本国内で重要部分を組み立てている（自動車の場合はＫＤ輸出）からである、という批判的な意見もあった。[67] しかし日系企業に対する英国世論の敵対感情が薄れてきていることも事実で、視察団一行を安心させる材料だった。日産の視察団一行は、先行して英国工場に単一労組協定を根づかせた日本精工の現場を視察し、日本人経営者らと会談する機会を得た。[68] しかしイギリスにおける労使関係に対して日産経営陣が抱く不安を取り除くには、不足した。自動車組立工場で雇う労働者の数は、一桁多いからだ。

日産の後退

一回目の現地調査を終えた日産の調査団は、一九八一年七月一七日から二二日にロンドンを訪れ、貿易産業省と話合いの場を持った。現地調査は「継続扱い」とされ、日産は英国政府に現地調達率と財政支援について再度話し合う意向を伝えた。これらに加えて労使関係についての専門家を日産が招聘したことから、貿易産業省は「日産は進出を前向きに考えている」と受け止めた。[69] しかし貿易産業省をはじめ、政府には不安があった。一回目の現地調査を終えた後に、日産側が英国内での部品調達について懸念を表明していたからだ。[70] サッチャー政権の不安を逆撫でするように、日産は工場計画の大幅後退案をロンドンに持参した。[71]

日産の新たな提案は五点あった。[72] 一つ目は、一九八四年に現地調達率三〇％のもと、ＫＤ輸出で生産開始すること。二つ目は、一九八二年から八四年の間に日英自動車輸出自主規制の枠外で日本から、一〇万台輸出すること。三つ目は、一九八六年に新モデルの生産を開始し、この時点で現地調達率は六一％に達するが、英国工場からの輸出は八七年まで遅れること。四つ目は、年産二〇万台の達成を八九年まで遅らせ、この時点で可能な限り現地調達率は八〇％に達し、四万五〇〇〇台を輸出すること。五つ目は、英国政府からの地域開発支援（Regional Development Grant）七五〇〇〇万ポンドに加え、選択的資金援助五二〇〇〇ポンドを日産が受け取ること。これにより、日産は一九八八年から黒字に転ずる見込みだった。一回目の現地調査の結果が、特に部品の現地調達について厳しい見込みだったことから、日産は生産計画の縮小と財政支援の大幅な積み増しを求めたのである。

これらの新提案に、英国政府は深く失望することになった。サッチャーによる了承のもと、貿易産業省は即座に提案を拒否した[73]。一九八一年一月の会見前に合意した内容から、生産計画も現地調達率も大幅に後退しており、一億二〇〇〇万ポンドもの巨額支援を与えるプロジェクトにしては経済的なメリットが小さ過ぎる。計画内容があまりに後退したことから、貿易産業省の中では「日産が（表向きにはそのように言わずに）計画撤回を申し出ているのでは」と疑う声があがった[74]。貿易産業省は日産に対し、輸出自主規制は自工会とＳＭＭＴの間で決めることであり、後退提案の二点目について省は口出しできないこと、そして現地調達率三〇％は低過ぎることを伝えた[75]。フル生産開始の日程を遅らせてでも現地調達率を高くしてほしい、というのが本音だった。日産が満足のいく提案を再度持参するまで、財政支援については話し合わない、とサッチャー政権は宣言した。

予想以上の否定的反応を前に、日産側は「日英自動車輸出自主規制の枠外で日本から一〇万台輸出する」という二点目の提案の撤回を申し出て、閣議ではこの提案について報告しないよう願い出た。しかし日産の後退を重大にとらえた貿易産業省は、この点を後の交渉の中では責めないことにしたが、閣議では報告した。[76]貿易産業省の怒りのトーンを敏感に察知した外務英連邦省の日本・アジア担当者が割って入り、英国政府の歓迎の意に変化が生じたかのような印象を日産側に対して一切与えないよう、注意を促した。[77]政権は特に「現地調達率三〇％」という数値が、ＴＵＣ以下、英国労組に漏れることを最も恐れた。[78]日産のみならず、日系企業の対英進出全体に対して負の世論が一気に形成され、定着してしまうからだ。日系企業の進出が停滞するのみならず、政権の命運に関わるリスクだった。

一九八一年七月の提案に続き、東京で両者の折衝が重ねられた。日産の非公式な招きに応じ、貿易産業省の自動車局長ロビン・モントフィールド以下、交渉担当者らが九月一六日から二九日まで訪日した。[79]目的は日産の国内工場をはじめ、部品サプライヤーの見学であった。訪問団は通常なら極秘扱いである日産のR＆D部門の中まで案内された。モントフィールドは「日産は英国進出計画を捨てていない」との感触を得て、七月の後退提案によって生じた不安を払拭した。[80]安心したモントフィールドは「日産が現地調達率の数値を厳守するなら、その達成時期は一九八五年か八六年まで遅れてもかまわない」と発言した。[81]「ただし、一九八二年末までに日産が進出を決定し、かつ、英国で調達せずに日本から輸入する部品のリストを提出するなら」という条件をつけた。[82]選択的資金援助が日産に提供されない理由を問われると、モントフィールドは言葉を濁し、踏み込んだ発言を避けた。彼をはじめ貿易産業省の中では、二〇〇〇万から三〇〇〇万ポンドの支援が妥当、と見込んでいたのである。[83]多額過ぎる補助金は、ＥＣの行政府である欧州委員会から止められる危険があるからだ。[84]ジョセフ大臣が日産の希望に近い額の選択的資金援助を出す必要性を考えていたことから推測すると、[85]省内の意見がまとまっていなかったことがわかる。彼の意見はこの時点では少数派であり、サッチャーも財務省も支援積み増しに否定的だった。[86]

英国政府の口が堅いため、日産は一行を四つの国内工場に加え、マツダ系列の東洋工業をはじめ、トヨタ系列も含め、三つの部品供給企業に案内した。訪問団一行に対し、日系メーカーの部品調達契約が長期に渡っており、そのような関係を築くからこそ工場内在庫を最小に保つ日本的な「ジャスト・イン・タイム」生産が可能であることを説明した。日産は一行に対し、特にイギリスの労使関係が悪く、このような生産方式に深刻な遅れを生じさせる懸念を伝えた。[87]暗に、英国新工場（および現地の部品供給産業）における単一労組協定が不可欠であることを伝えた。この点についてもモントフィールドは言葉を濁し、「近年、英国の労使関係は改善に向かっている」と述べるにとどめた。TUC幹部と傘下の組合の意見は日産進出について割れており、モントフィールドもこれを知っていた。それ以上に、サッチャーの国内改革により、労使対立はむしろ激化していた。日産側は一行に対し、英国現地の労組および自治体との協議がまとまるまで進出を決断できない可能性を伝えた。

貿易産業省一行の訪日の間、駐日大使と途中から合流したモントフィールドの立ち会いのもと、貿易産業大臣のサー・キース・ジョセフと石原社長が会談を開いた。ジョセフ大臣は石原に対し、英国工場を建設しない場合、EC各国が日本車の輸入に対して現状以上の障壁を設ける可能性がある、と圧力をかけた。[88]英国政府の一員に過ぎないジョセフ大臣がEC全体を代表するような発言をするのは筋違いであるが、彼の予測は的外れではなかった。日産の英国進出は、ＥＣ市場全体への輸出を見据えたものであり、この点について貿易産業省と石原社長は一致していた。「日産の英国進出決定はＥＣ側の規制〔の厳格化〕を第一に見据えて〔すぐに〕行われるべきであり、コストやその他の細部は重要ではない」[89]（傍点は筆者）。ジョセフ大臣の言葉に力がこもった。この圧力が効いたのか、日産側は工場計画を一九八一年一月の共同会見で発表した提案内容に戻した[90]。「現地調達率を六〇％から開始し、最終的に八〇％に持って行く」という数値について、サッチャー首相自身が再三確認しており[91]、政権は一歩も引くつもりがなかった[92]。

　問題は、日産に対する財政支援である。原則は地域開発支援のみであり、日産は七四〇〇〇万ポンドを要求した。日産はこれに加えて選択的資金援助を八〇〇〇万ポンド要求していたが、サッチャー政権は選択的資金援助の提供に消極的だった。選択的資金援助の提供には「地域開発支援とは別個に積み増しが必要な、特別かつ明確な理由」が求められる。財政状況が厳しいこともあり[93]、政権は選択的資金援助について交渉の中で提案しないことにしていた[94]。根底には、日産が英国工場を創設することで得られる長期的なメリット、特に英国市場のみならずＥＣ市場全体を射程に入れた良好なアクセスを（日系メーカーの中で）一番乗りで与えることに対する自負があった[95]。他方、日産側も「日系メーカーの先陣を切ることで、後続を引き寄せる役割を果たす」という自負があり[96]、日産に対する支援を寛大に提供するよう求める動機があった。財政支援交渉は、難航が予想されたのである。

　サッチャーにとっての懸念は、政権内にあった。サッチャーから支出削減を繰り返し求められていた財務省は、あの手この手で日産への財政支援の提供に抵抗した。日産進出による新規雇用の創出よりも、生じる失業数のほうが多い、との試算があった。加えて、すでにBLに対する援助を支出していることとの矛盾、そしてフランスやイタリアが英国製日産車の輸入を（EC法違反にもかかわらず）拒否・妨害する事態を懸念していた。これらの懸念に対し、貿易産業省は、日産の誘致が雇用のみならず経営や生産ノウハウの習得など、影響が広範に及ぶことを指摘し、反論した。[97]貿易産業省は足元を見られないよう、日産に対して寛大すぎる支援を与えないよう細心の注意を払って交渉していたが、財務省の横槍はまったく異なる見地から出ており、苛立った。英国産業界から入れ知恵された財務省の官僚は、先に進出していた日立の例を挙げつつ、「日系企業で二人分の雇用が生まれると、英国企業で三人失業する」というレトリックを様々な場面で好んで使うようになっていた。[98]貿易産業省はこのレトリックの矛先が日産英国工場計画に対して向けられることに神経質だった。[99]

非公式な訪日とはいえ、貿易産業省は日産側の温かい歓迎と丁寧な説明に驚き、日産が英国工場計画を前進させる意思が固いことを確認した。[100]特に七月にロンドンで受け取った後退提案のショックが大きかったため、細部に課題を抱えつつも、両者が交渉を前向きに進めることについて大筋で一致できたことは大きかった。日産側の招待は成功し、工場計画が当初の内容に戻ったことに、サッチャー政権はひとまず安心した。[101]交渉が不調に終わった場合、他の日系企業による対英進出に影響が出ると懸念していたからだ。[102]他方、英国政府が現地調達率や財政支援について妥協の余地をなかなか見せないことに、日産側は不信感を募らせ始めていた。[103]

労使関係が悪化する中の、労組レベルの交渉

現地調達率と財政支援についての交渉が進む中、現地の労使関係に関し、日産経営陣の不安をさらに煽る出来事が立て続けに起きた。一九八一年一一月にBLでストライキが起きた。その後まもなく日産は二回目のフィージビリティ・スタディの視察団を北東イングランドに送り込んだ。現地では「イギリスの労使関係が焦点」と噂された[104]。訪英によっても結論は出ず、進出の正式決定は年明けの一九八二年まで延期された[105]。その後も鉄道と医療分野で大規模なストライキが起き、一九八二年七月に日産は「決定の無期延期」を発表した[106]。その理由を大熊副社長はメディアに対し、「イギリスの労使関係全般、とくに、近く実施される政府の雇用法改正のおよぼす影響を精査するため」と説明した[107]。

イギリスにおける労使関係悪化の主因は、英国労組の闘争的な態度なのか、それともサッチャーの労組敵対的な政策なのか。サッチャーが（産業）民主主義についてどの程度の理解があったのか、定かではない。彼女は翌八三年一一月の合理化案提示を契機に激化した炭鉱の長期ストに激怒し、「労働組合の民主化」と称して、重要産業におけるスト禁止を強固に主張した。「重要産業」の定義が曖昧であり、労働者の基本的権利を奪うとの懸念から、保守党内にも反対者が出てしまい[108]、禍根を残すことになった。彼女が声高に唱える「スト禁止」の発想は、一体どこからきたのか。この表現は、すでに英国進出を果たしていた日系の電機関連企業の労使合意に典型的な「ノーストライキ

合意」に、表現上は近い。サッチャーがこのような合意の具体的な中身を無視し[109]、その表面上の語意を文字どおりに採用したように見える。後述するが、日系企業の英国工場における「ノーストライキ合意」は、労使協議の枠組みで交渉している間のスト禁止であり、争議権の否定ではない。サッチャーがこのような細部の内容を理解していなかった可能性がある。

サッチャーの労組嫌いは、筋金入りだった。一九八四年三月に始まった炭鉱ストは八五年三月まで続き、その経済的影響は三〇億ポンド以上(当時九〇七五億円相当)、組合員七〇〇〇名の解雇という、散々な結果だった[110]。それにもかかわらず、サッチャーが最もこだわった二〇カ所の不採算鉱を閉鎖する合理化案は、一時棚上げにされてしまった。労組を国民・世論の敵のように吹聴し、これによって政権の支持率を引き上げることに成功したが[111]、失業率が上昇し続ける中、労組叩きのパフォーマンスを演じて支持率を向上させるサッチャーの神通力にも、翳りが見え始めていた。

労組の闘争的態度に慣れてしまったのか、英国政府は労使関係が日産進出の決定に対して与える影響について、日産よりも楽観視していた。日立の英国進出が頓挫した際も、末端の組合員が強く反発したのに対し、TUC幹部は日系企業の進出を慎重ながら歓迎する意向を表明していた[112]。歓迎の最大の理由は、新規雇用の創出だった。他方、イギリスにおける一連の労使紛争は、日産経営陣に対し、労組対策が不可欠であることを強く印象づけた。危機感を覚えたのは経営陣だけではなかった。英国工場プロジェクトに消極的だった自動車総連・労連の塩路会長も、動かざるをえなくなった。労組側の同意なしに石原社長の独断で進出を強行すれば、必ず日英両国の組合員に影響が出るからだ[113]。実は塩路は一九八一年四月中旬に訪英し、ロンドンでTGWU(運輸一般労働組合)およびＡＵＥＷの代表者と会談し、感触をさぐっていた(114)。日産の現地調査団が日本精工のピータリー工場を見学したタイミングと重なっており、ピータリーの見学も、日産の自動車労連がセッティングしたものだった(115)。

日産の現地調査団に対し、ＡＵＥＷのテリー・ダフィー委員長とＴＧＷＵのモス・エバンズ委員長は「単一労組協定は無理だが、各労組を束ねた合同の単一賃金交渉制度の創設は可能」という、微妙な返答を行った(116)。日本式の労働運動の導入に対して労組内で反発が強かったことに加え、労組間の紛争も絶えない時期であり、加えてＴＧＷＵの委員長も同席している手前、ＡＵＥＷ委員長のダフィーは慎重に言葉を選んでいた。英国の労組幹部が単一労組協定に慎重であることと、塩路自身が英国工場プロジェクトに消極的であることから、この時点で労組のトップ同士では突っ込んだ意見交換は行われなかった。日産側も、英国労組が提案する「単一賃金交渉制度」を日本に持ち帰って検討することにした(117)。塩路会長は英国労組側と「日産の英国工場実現には両国の関係労組の合意と協力が必要」という覚書を取り交わして帰国した(118)。

委員長のダフィーをはじめ、ＡＵＥＷは日産誘致に反対していたのではない。むしろ心中では熱烈歓迎しており、理由は、日産英国工場計画によって失業が深刻な（特別）開発地域に新規雇用がもたらされることだった(119)。すでに進出した日系の電機産業において同様の協定を結んでいたＡＵＥＷは、他の労組と異なり、「日本的労使関係」導入に対する免疫が備わっていた。ダフィーは塩路宛てに歓迎のレターを用意し、日産英国工場の実現は「日英労働者の共同利益である」と公言してはばからず、ＩＭＦ（国際金属労連）をとおして連携を密にするよう塩路会長に求めた(120)。ダフィーは日産側に対し、地方レベルの労組指導者たちと会合を持つよう促し、日産の現地調査団に助け船を出していた[121]。英国工場プロジェクトに慎重な塩路がダフィーの熱烈歓迎に少し当惑したことは、想像に難くない。塩路は海外工場の新設が国内工場の雇用減少と閉鎖につながることを懸念していた[122]。ただし、塩路会長をはじめ自動車総連・労連の最大の懸案事項は、日系メーカーによる海外工場新設ではなく、国内工場の生産工程にロボットを導入することが労働者の雇用に対して及ぼす影響についてだった。海外直接投資に対して反対なのではなかった[123]。

日本側の躊躇と戸惑いをよそに、イギリスのローカルな労働運動は黙っていなかった。一月二九日に日産と英国政府の共同会見が行われた後、特に北東イングランドの労組の動きは早かった。TUC北部支部は四月三〇日に執行部委員会を開き、日産工場を地元に誘致するための体制作りを話し合った[124]。その中で、何にも増して日産工場の地元誘致を最優先にすることが確認された。特に日産の現地調査団が現地を訪れる際は、労組代表が何十人も列をなして面会するのではなく、人数を最大五人など、最小限に絞ることが確認された。このような選択は、貿易産業省自動車局から内々に得た情報をもとに行われた[125]。貿易産業省は英国労組の「まとまりのなさ」を日産調査団の前で露呈し、他国に工場計画を奪われることを恐れており、労組からの情報提供の要求に応じていた。北東イングランドの労働党幹部が貿易産業省の担当者から情報を得つつ、自治体や労組を束ねて誘致交渉を進めることが確認された[126]。

無論、業種ごとに様々な労組が一つの工場内に林立するイギリスの生産現場であり、労組代表を五人に絞ることがどれほど困難か、容易に想像がつく。しかし地元としての優先順位ははっきりしており、この日、TUC北部支部は「〔日産が要求する〕単一労組協定について満場一致すること」および「自動車以外のセクターにおいても同様の合意を模索すること」を決議した[127]。前者は日産工場を、後者は、日産工場に納品する部品サプライヤーへの合意適用を想定したものだった。北東イングランドの産業衰退は著しく、彼らの決断は早く、決意が固かった。誘致においてウェールズやスコットランドに負けるわけにはいかない。労使関係の安定においては北東イングランドに分があり、それをTUC北部支部の幹部は理解していた[128]。失業者が多いことが幸いし、労組の組織率が他の地域よりも低かった。北部支部の決定は、AUEWなどの全国レベルの単産よりも先にローカルな労組支部が単一労組協定を受け入れた、先駆的な事例だった。同時にそれは、単産内での中央・地方間対立と、異なる単産同士の労組間紛争に発展する危険のある決定だった[129]。四月三〇日の決議は、交渉の最終局面で重要な役割を果たすこととなった。

一方、現地で覚書を取り交わして帰国した塩路会長は、労使トップによる中央経営協議会の開催を経営側に対して七月に申し入れた。協議会は、二年振りに開催されることとなった[130]。中央経営協議会は、賃金などの経営問題を労使が話し合う機関であった。協議会において、石原社長は労組側に対して海外プロジェクトの詳細について初めて説明し、英国進出に伴い、自動車労連の協力を求めた[131]。しかしこれを機に石原が労使協調路線に転じたわけではなかった。石原は労組の塩路に手柄を与えたくなかった。イギリスにおける労使紛争が激化する中、労組の協力を軽視するのは賢明ではなかった。石原が送り込んだ調査団は、現地の労組との接触が希薄であり、英国進出した日系企業がどのような労使問題を抱えているか、実態調査を怠っていた[132]。これでは、新工場における単一労組協定の実現が危うくなる。それでもなお、石原は「労使関係の歪みを矯正し、正常化する」と決意し、[133]強硬姿勢を貫いた。

財政支援交渉

石原社長は一九八一年の末、自動車労連との十分な事前協議を経ることなく、予定どおりに英国プロジェクトを進める意向を表明した。[134]すでに五〇〇〇億円を超える有利子負債を抱える日産が、最終的な投資額が一兆円を超える見込みの大プロジェクトに踏み出したのである。[135]英国政府からの財政支援は、絶対に確保しなければならない。日産は一九八二年二月一八日に貿易産業閣内相と接触し、交渉を始めた。[136]工場建設に対して支払われる財政支援は、開発地域においては一五％の地域開発支援が、特別開発地域では二二％が約束された。日産側は、地域支援政策の改革が将来行われた場合、日産が受け取る支援額が影響を受けるか否か懸念を示した。英国政府はこれに明確には答えず、「損失については、発生時点で日産に不利にならないよう、前向きに考慮する」と曖昧に返答した。[137]サッチャー政権は地域開発支援の支給に加えて、選択的資金援助をさらに積み上げて日産に与えることに、なお消極的だった。日産の進出決定を後押しするために、プロジェクト総額の八％にあたる額の選択的資金援助を提案する可能性が模索され、地域開発支援と併せて投資総額の約三〇％を英国政府が支出する計算になった。[138]それでも日産側は納得せず、[139]最初の交渉は合意のないまま終わった。

日産側は貿易産業省に対し、大胆な要求を出していた。工場建設費の半分を援助してもらえないか打診したのである。総額の二二%にあたる一億二二一〇万ポンドを地域開発支援として要求し、これに加えて選択的資金援助を一億八四五〇万ポンド、合計三億六六〇万ポンドを要求した。[140]日産が選ぶ工場立地によって一五%の地域開発支援しか提供されない場合は、選択的資金援助の積み増しによる埋め合わせが必要、と主張した。日産側の要求は、日産側が負う財政的なリスクの大きさと、英国経済全体への影響、特に貿易収支の改善と自動車部品産業に広く雇用創出効果を期待できるから、という理由に基づいていた。新工場での新規雇用が四六七六人、英国部品産業で一万一〇〇〇人、工場建屋建設で一五〇〇〇人、その他の分野で二万七〇〇〇人と見込まれた。[141]日産が挙げるリスクの中には、将来的なインフレ率の変動や、試算に含まれていない労使紛争などによる生産遅延のための追加コストなど、現実的な懸念事柄も含まれていたが、他方で、政権が労働党に移った場合にイギリスがECから脱退する事態まで想定していた。[142]

日産の「失礼な」要求に貿易産業省の担当者は呆れ、[143]「選択的資金援助は通常だと一〇%であり、日産には特別に一二%まで積み増せるが、それが限界」と答えた。[144]工場用地を特別開発地域などに決めた場合は、土地買収のために価格を抑えることもでき、[145]これは後に用地をサンダーランドに決定した際に採用された。しかし補助金についての両者の思惑は大きくずれており、交渉は進まなかった。こともあろうに、日産側が支援積み増しを要求した背景として、日本国内での労使対立を挙げ、[146]同時に在京の大使館から「〔労組の〕塩路が対英進出の最大の障害」との報告が届き、[147]英国政府内では自動車総連・労連会長の塩路を「日産英国進出の最大の阻害要因」と見る傾向が定着してしまった。これは事実に反する。塩路をはじめ自動車総連・労連の主眼は、国内工場へのオートメーション導入と雇用の確保をいかに両立させるかについてであり[148]、英国進出に全面的に反対していたわけではなかった。むしろ海外投資に賛成していた[149]。

日産側の一貫しない言い分を前に、サッチャー政権は交渉を継続しつつ、日産側の譲歩案の提出を待つ姿勢に入った。日産側が英国政府の支援額の多寡を唯一の理由にして進出を断念するとは考えられないからだ[150]。万が一、日産が進出を断念したとしても、一九八一年七月の後退提案を英国世論が知れば、政権への批判は少なくてすむ、という読みだった[151]。世論の非難は、むしろ無謀な要求を出した日産へ向かい、最悪、日英輸出自主規制が日産に不利な内容に悪化するだけである。投資総額の三〇%にあたる支援は、日産に支出できる上限だったし[152]、譲歩をし過ぎて弱みを見せたくなかった。しかし日産の過大な支援要求を看過できなかったサッチャーは、川又会長に宛てて自ら手紙を書き、工場設備を日産のためにリースする提案を行った[153]。リースにより、日産側の財政負担の軽減が期待された。待てど暮らせど、東京からの返答はなかった。

一方で、日産が交渉の中で雇用創出効果を強調した影響は大きかった。貿易産業省は財務省に対し、「日産は選択的資金援助を受け取る資格あり」と打診し[154]、財務省の財布の紐の締め具合をうかがうようになった。貿易産業省は選択的資金援助を交渉の中で日産に提案する代わりに、支援を与える時期を年度ごとに細かく区切ることで支援額を抑制する戦術を用意した[155]。一九八二年にサッチャー政権は地域支援政策の見直しを予定しており、この財政改革によって日産が失う地域開発支援の金額を選択的資金援助で埋め合わせる必要が出てきた[156]。サッチャーは日産に対する自身の態度が強過ぎるのか弱いのか、判断がつかず悩んだ。[157] 幸い、交渉以外の要因により、日産は早急に結論を出さなくてよくなった。サッチャー政権は一九八二年に入るとフォークランド紛争の勃発によって手一杯になり、日産経営陣は時間稼ぎをすることができたのである。[158]

フォークランド紛争勃発と、対日姿勢の見直し

一九八二年三月、アルゼンチン海軍の艦艇がフォークランド諸島（アルゼンチン名、マルヴィナス諸島）に停泊し、イギリス政府に無断で民間人を上陸させた。これに対してサッチャー政権はすぐに反応し、空母艦隊を中心とする部隊を現地に急派した。陸海空、すべてにおいてイギリス軍はアルゼンチン軍を上回り、六月に戦闘は終結した。わずか七四日間の戦闘で、英兵二五五人が命を落とした。日本とはほとんど関係なさそうなフォークランド紛争であるが、日産の英国工場プロジェクトに少なからぬ影響を与えた。

サッチャー首相は常に米英関係を重視したため、紛争に際して合衆国政府の全面的な支持を期待した。しかし軍事介入に踏み切ろうとするサッチャーに対し、アメリカは自重を促し、国連による仲裁などを提案した。これにより、米英間にすれ違いが生じた。紛争を戦う中で米国と意見を異にしたサッチャーは、西側陣営の中でイギリスが孤立することを懸念するようになった。NATO（北大西洋条約機構）諸国のみならず、日本のように米国の同盟国であり、自由・民主主義という共通の価値観を共有する西側諸国との関係を、今まで以上に緊密化する必要が出てきた。これに加え

てG7サミットへの参加準備も重なり、彼女は日本を訪問する決心をした[159]。サッチャーは鈴木善幸総理との会談に加えて日産経営陣との会談も予定し、これに備えて政府内の足並みを揃えたかった。

訪日に先立ち、サッチャー首相は対日戦略の練り直しを決め、『対日報告書』をまとめさせた。一九八二年二月から五月にかけ、サッチャーは財務省、貿易産業省、国防省に指示を出し、外務英連邦省によるとりまとめのもと、安全保障から経済全般まで含めた対日戦略の練り直しと報告書の作成を命じた。報告書の目的は、それぞれ閣僚が対日政策を立案・実行するうえで必要な指針を与えることだった。通商摩擦によって染みついた単純で一方的な「日本叩き」から脱却した、成熟した対日アプローチが必要になったのである。

日産の進出を含め、対英投資の受け入れは貿易産業省が担当した[160]。完成した報告書によると、日本からの投資受け入れは是非進めるべきであること、しかし「スクリュードライバー」（ほぼ完成した状態の製品を、「部品」として低関税でイギリスに持ち込み、単純作業で素早く組み上げて英国およびEC市場で売ること）は許さないことが確認された。日欧の貿易収支不均衡について憂慮を示しつつ、対英投資を歓迎している都合上、輸出攻勢に対する対日圧力は、ECレベルでの対日交渉に委ねることが明記された。これはつまり、貿易赤字に関する日本叩きをフランスとイタリアに任せつつ、イギリスはこれを止めないことを意味し、イギリスらしい狡猾な選択だった。日本からの対欧投資の半分がイギリス向けであったため、サッチャー政権は日本側に対してある程度、気を使っていた。報告書はイギリス経済の開放性を称賛しつつ、フランスなど、他の加盟国に「トロイの木馬」心理が強いことを批判し、日本による輸出自主規制は望ましくない、とまで結論している[161]。しかし同時に、サッチャー政権は二国間の自動車輸出自主規制を堅持しながら日産と誘致交渉を進める方針を確認しており、サッチャー政権が建前と本音をうまく使い分けていたことがわかる。政権側の読みは、日本側に譲歩し過ぎると、むしろ交渉立場が弱くなる、というものであった。

報告書はイギリスの産業立地について、税制、人件費の相対的な安さと、英語が通じることを比較優位として挙げている。そして「他のEC加盟国と対立してでも日本からの投資を呼び込むべき」と強く勧めている。ただし現地工場の生産においては、地元の雇用に貢献すること、かつ、部品の現地調達率が高くなければならず、これらを〔日産との〕交渉の中で、工場建設への財政支援と引き換えに要求するよう求めている。日本側に圧力をかけ過ぎて交渉が頓挫することに、イギリス側がある程度気を使った内容であった。通商摩擦のおかげで日産の対英進出の話が出てきたのであり[162]、貿易産業省はこの点をよく認識していた。

報告書の中でもう一つ目を引くのは、英国政府による対日観の変化である。日本による集中豪雨的な輸出を非難した一九七〇年代の論調はほとんど消え失せ、むしろ日本の置かれた国際環境や経済状況への理解と弁護が多い。報告書には「日本の輸出によって生じた〔欧州内の〕失業は少なかった」との記述や、「日系企業の競争力は完全に合法である〔ゆえに、英国産業はこれに学ぶべき〕」との論調が目立つ。無論、日本市場の閉鎖性に対する批判や、日本の輸出自主規制の堅持なども同時にうたわれているため、通商摩擦は未だ解消していないのである。日本企業に学ぶ姿勢の強調は、日産の進出を促すためだけではなく、英国企業が第三国市場において日本の輸出増加と競争にさらされていることも影響していた。ヨーロッパから日本車を締め出しても、世界中の他の市場でシェアを奪われ、負けるだけなのである。日本叩きに走った一九七〇年代の心理的痕跡は見られず、冷静かつ客観的な現状認識が貫かれている。

一九八二年八月、フォークランド紛争終結と勝利の熱狂が冷めやらぬ中、大熊副社長は再び訪英した。紛争のおかげで進出決定について思いもよらぬ時間稼ぎができた日産だったが、大熊が英国政府に伝えたのは、「〔進出如何について〕まだ返事ができない」というものだった。[163] 対日姿勢を見直し、日系企業誘致についての考え方がまとまったサッチャー政権の対応は、明確だった。「生産台数が多少減ってもやむを得ないが、必ず〔イギリスに〕進出してほしい」。[164] これ以上日産を後退させないため、進出時期の如何にかかわらず、現地調達率の最終的な数値を八〇%とすることが約された。[165] 英国政府は時機を見つつ、日産に少しずつ順番に重要な条件を呑ませた。その一方で、日産へのリップサービスと英国世論へのアピールを忘れなかった。対日観が固まったサッチャーは、方々で日本を擁護する発言を行い、日産をはじめとする日系企業への援護射撃を怠らなかった。

日本人に対する批判の多くは不当なものだ。日本人は皆のスケープゴートになっている。〔中略〕欧米の消費者がほしがるすぐれた自動車、安いビデオテープレコーダー、高級カメラを生産することについても非難されるいわれはない。〔中略〕経済面でも安全保障面でも、日本に対する欧米諸国の非難は公正さを欠くものだ。[166]

サッチャー首相の直談判

イギリス国内で日産の進出を歓迎するコンセンサスを徐々に形成し、ＥＣレベルでも日系企業の直接投資（現地工場の新設）を歓迎する根回しをしてきたサッチャー政権であったが、[167] 日産経営陣の腰は想像以上に重かった。せっかく手を尽くしてきたのに、日産は何をしているのか。日産に与えるインセンティブは、財政規律があるため、おのずと上限金額が決まっている。無理はできない。たまりかねたサッチャーは、自ら日本に赴き、直接日産側と接触することにした。

サッチャー首相と日産経営陣の直接会談は、日英メディアの注目を集めるため、日産のみならず、彼女にとってのリスクも大きいはずであった。しかしサッチャーの意思は固かった。『対日報告書』を作成している間、一九八二年三月にヒース元首相を追浜工場への視察に遣わした。首相在任中だった一九七〇年代前半には日系企業の誘致に消極対応したヒースも、サッチャーの決意のために一肌脱いだ。政権から日産側へのラブコールを送るために、一役買ったのである。ヒースはサッチャーの訪日とその際の日産経営陣との会談の意味を明確にするため、彼女の露払いを買って出たのである。

英国プロジェクトに慎重だった川又会長をはじめ、会長に近い経営陣と労組の塩路会長が困惑したのは無理もない。[168] 彼女の日産首脳陣との会談は、慎重派に対する奇襲攻撃として機能させるため、訪日のわずか一カ月前に突然打診された。日産側には、彼女との会談を断るという「失礼な」選択肢は、許されなかった。サッチャーが示した会談の理由が、野党党首時代の一九七七年に座間工場を川又に案内してもらった返礼だったからだ[169]。一国の首相の招待を受けるならば空手で帰すわけにはいかないし、顔に泥を塗ってはならない。川又と塩路は、英国工場計画の財政負担が大き過ぎることを懸念していた[170]。二人がともに対英進出計画に慎重だったことは、英国政府にも伝わっていた[171]。石原をはじめとする進出派は川又会長の周辺を説得するために、サッチャー首相を使ったのである[172]。当のサッチャーは、それを十分に承知していたのか、お構いなしであった。訪日を控えた九月一四日、サッチャーは日産の川又会長と会談する予定であると発表した[173]。

面食らった川又会長は、会談において何らかの約束をさせられることがないよう、大熊副社長に対して日本外務省への根回しを頼んだが、要領を得なかった[174]。そこで川又は政界と太いパイプを持つ労組の塩路会長に頼み、中曾根康弘行政管理庁長官をとおし、外務省に懸念を伝えた[175]。外務省から「サッチャー首相としては［中略］日産の進出問題で努力してきたことを英国民に知らせるのが大事［中略］。反対派の急先鋒ともいうべき川又さんに会ったという事実が何としてでも欲しい」との返答を得た[176]。川又はいくぶん安心したが、相手はサッチャーであり、油断できない。

一九八二年九月一七日、サッチャー首相は特別機で羽田空港に降り立ち、公賓として日本を訪れた。ヒース首相の訪日以来、一〇年振りとなる公式訪問だった[177]。表向き、彼女は訪日の目的を「経済関係に偏りがちだった両国対話に新たな政治的枠組みを作る」と説明していたが[178]、蓋を開けてみれば、彼女の関心は圧倒的に経済に偏重していた。フォークランド紛争を毅然とした対応で乗り切った彼女は、熱烈な歓迎を受けた。日本メディアの注目が集まったことに、彼女は満足した。川又会長との会談の重さが増すからであり、訪日の目的を半ば果たしたことになる。サッチャー首相は鈴木善幸総理との会談を三〇分で切り上げる一方、川又会長との会談には予定を延長して一時間半を費やした[179]。会談は九月一九日に設定されたが、石原社長は北米工場視察のため[180]、出席できなかった。「予定通り」に、川又会長がサッチャーと午後六時から赤坂の迎賓館で会談した。会談にはサッチャー首相の秘書官と川又の側近、計四名で臨んだ[181]。

迎賓館で開かれた会談の冒頭、サッチャーは何気ない話から入った。彼女は川又に日本の自動車産業の先行きについて尋ねた。川又会長は、日本を含めた先進各国の自動車市場が飽和状態にあり、産業全体の成長を途上国市場の発展に期待するしかない、と答えた。川又の返答は業界についてのコモンセンスに近い常識的な内容だったが、これをまったく聞いていなかったのか、サッチャーはおもむろに日産の英国進出計画について切り出した[182]。「川又さんを拘束することはしない。だから日産には自由な判断をしてもらえばよい」と述べたが[183]、次いでサッチャーの口から出てきたのは、いかにイギリスが投資環境として優れているか、そして技術力が豊富に蓄積されているか、という賛辞の連続だった。彼女は大英帝国が自由貿易を堅持し、世界中に雇用を創出し続けた、という歴史解釈を披露し、「今度は日米欧の企業がイギリスで同様の貢献をするべき」と熱弁を振るった[184]。歴史講義に辟易したのか、川又は話を遮り、「英国工場を創設したとして、現地の労組と単一労組協定を結べるのか」と問うた。サッチャーは顔をしかめ、「合意に達した日系企業をいくつか知っている」「一社がノーストライキ合意を結んだと理解している」と短く述べ、話を戻して持論を再び展開した。彼女の記憶には、少し不正確だったようだ。イギリスに投資する米国企業が一〇〇〇社、ドイツ企業が一八〇社ある一方で、日系企業は二四社に過ぎない[185]。なぜ、すぐに進出決定できないのか。

サッチャーのペースに圧倒されかけた川又だったが、英国工場計画について冷静に持論を展開した。イギリスにおける部品コストが高いことと、労使関係が懸念事項であることを説明した[186]。英国進出は日産にとって財政負担が大き過ぎる、というのが川又の一貫した言い分だった。サッチャーが真剣な眼差しで川又の話を聞いている中、川又はおもむろに切り出した。英国政府が日産のために工場建屋を建設したうえで、工場内の生産設備を（すべて）購入し、これを日産に貸し出すような合意は、可能か[187]。サッチャーは咄嗟に「建屋を〔公的支出で〕建てるのは可能かもしれないが、設備の手配については詳しくわからない」と返答し、可能性を探る、と約束をした。川又自身、この案を口にしたのは、日産の経営会議も含めて初めてだった[188]。

川又は迎賓館を出るにあたり、日産が一九五〇年代にイギリスのオースチン・モーリス社にお世話になり[189]、これにちなんで日産の高級セダンを「セドリック」と彼が名づけたことを打ち明けた[190]。川又が腹を割って本音を打ち明けた、と解釈したサッチャーは、川又の要求を重大にとらえた。以降、サッチャー自らの陣頭指揮のもと、貿易産業省と財務省にイングランド銀行を加え、日産への財政支援の積み増しと工場設備のリースを本腰で用意することになった。この件については、サッチャー自らが川又に手紙を書くようになった[191]。川又は自らの申し出を一旦、否定するような素振りを見せたが[192]、サッチャーはひるまなかった。川又がリース提案と財政支援を二者択一の選択肢と勘違いしていることに逸早く気づき[193]、サッチャー自らが誤解を解くために手紙を川又に宛て、日産がリースと財政支援を両方受け取れることを保証した。[194] いざという時、サッチャーは電光石火の速さで、火が燃え広がる前に鎮火したのである。

サッチャーは川又会長と会談した翌二〇日、安倍晋太郎通産大臣とも会談を開き、「〔日産の英国進出について〕何らかの決定がなされる場合は、積極的なものであることを希望する」と強調した。[195] 彼女は日本がイギリスから中型旅客機とシーハリヤー戦闘機を輸入するよう求め、必死だった。同日、財界五団体首脳と会談した際も、サッチャーは冒頭の演説に熱が入り、用意した一〇分の原稿では足りず、四〇分近く熱弁を振るった。内容は、彼女がいかに国有企業の余剰人員削減と経営刷新に心血を注いできたか、というものだった。[196] サッチャーは日系企業の経営者たちと話が合うようだったが、日本食が口に合わなかったのか、[197] あるいは川又会長から思いどおりの回答が得られなかったからか、東京では終始機嫌が悪かった。

石原・サッチャー会談

サッチャーは訪日により、英国工場計画に慎重だった川又会長が、少しずつ計画決行に傾きかけている感触を得た。否、彼女が一方的に押し掛け、川又を（ほぼ）寄り切ったのである。川又包囲網を強化するため、英国プロジェクトの先頭を走る石原社長と会談を開く必要が出てきた。サッチャーにとり、石原との会談は英国政府からのオファーをもう一度整理し、石原が川又を説得するよう、圧力をかけることが目的だった。

一九八二年一〇月一八日、サッチャー・石原会談はダウニング街十番地で実現した。会談には貿易産業閣内相サー・パトリック・ジェンキンと閣外相に加え、サッチャーの秘書官が同席した。[198]サッチャーはいの一番に、「英国進出を決断するよう圧力をかけるようなことはしない」と言いつつ、「対EC進出の第一歩はイギリスであるべき」と述べた。そして日産の役員会が分裂していることに触れ、「何か助けになれないか」と尋ねた。東京で川又会長と一時間半も会談した時と、同じ台詞だった。サッチャーが石原社長にこのように言ったのは、ある種のユーモアであると同時に、自分が一国の首相であるにもかかわらず一肌脱いだことを、圧力としてちらつかせる側面があった。サッチャーは川又に対して展開した持論をもう一度持ち出し、大英帝国が他国の保護主義に抗するために、それら諸国に対して海外投資をしてきた、と述べ、「今度は日系企業の番」と促した。サッチャーは強気に圧力を行使する一方、自分の持つ弱さを隠さず、むしろそれを全面的に使って相手から何かを引き出すことにも長けていた。男気ある反面、ある意味で女性的でもあり、衰退の中で生き残りをかけてもがく大英帝国と妙にキャラクターが一致していた。石原はサッチャーの国内改革を評価しつつ、「投資環境としてイギリスがECの中で最良である」と伝えた。日産のメキシコ工場と北米工場が直面している困難についてサッチャーから指摘され、痛いところを突かれた石原が絞り出した返答だった。両者は「保護主義が産業の競争力を損なう」との見解で一致し、少し打ち解けた。[199]

サッチャーは特に「英国国内で雇用を生む投資を歓迎する」と強調したが、これに対して石原は単一労組と賃金交渉する可能性について尋ねた。サッチャーは、「単一労組との団体交渉を、投資実行を決断する条件として提示してはどうか」と提案した。この妙案に即座にジェンキン閣内相が賛成し、すでに英国進出を果たしている日系企業が同様の方法で労組と単一労組協定を結ぶことに成功している、と指摘した。[200] この案は、後に日産と英国政府が合意書を作成する際に盛り込まれた。サッチャーも石原も、労組に対して強い圧力をかけ、一方的に提案を呑ませるという手法において、一致していた。会談前の一〇月一四日、労使関係についての懸念を払拭するため、日産は北東イングランドに三名の専門家を送り、TUC北部支部の幹部と現地のACAS（労使紛争調停・仲裁勧告機関）幹部と会談を開いていた。[201] 英国国内の一部労組は日産の進出を好意的に見始めており、[202] 単一労組協定については日産よりも英国政府のほうが楽観的だった。

現地調達率については、生産開始時に六〇％、その後、可能な限り速やかに八〇％に達することを両者が確認した。英国工場製の日産車を「日本製ではなく英国製」と認めてもらうためには高い現地調達率が必要であり、石原もこの点を理解していた。石原は「八〇％達成の時期について、可能な限りフリーハンドが欲しい」と訴え、さらなる譲歩を求めた。サッチャーにとっても貿易産業省にとっても、八〇％は様々な意味で重要な数値であり、譲れなかったが、サッチャーは石原の要求に理解を示し、石原を安心させた。この要求も、後に合意書に盛り込まれた。EC諸国への輸出台数については要求を控えつつ、現地調達率の数値については譲歩しない戦術が、徹底された。[203] 日産英国工場からの輸出開始が遅れれば、生産された日産車はすべて英国市場で売られ、BLの市場シェアをさらに食いつぶしてしまうが、サッチャー政権はBLの救済よりも、日産英国工場に納品する英国部品供給産業の利益を優先したのである。

会談の最後に石原は、サッチャー首相が川又会長の懸念、特に日産側の財政負担の大きさに対し、直接川又に答えるよう求めた。石原によれば、彼自身、川又会長が用意した秘策の中身を知らされていなかったのである。[204] 石原とサッチャーは、川又の説得をめぐって責任のなすり合いをしているかのようだった。都合のいい条件をあれこれ要求したうえで、川又の説得をサッチャーに丸投げするかのような石原の態度に呆れたのか、あるいは自らの決意を毅然として示す必要を感じたのか、サッチャーは石原に対し、「あなたと話し合ってから川又会長と連絡をとる予定でした」と伝え、自ら主導権を握ると宣言した。交渉内容の秘匿を双方が確認したうえで、会談は終了した。

石原・サッチャー会談に同席したジェンキンは、「川又会長と自動車労連の塩路会長は、事業の拡張は海外ではなく国内で行うべきだという意向だった」と後日証言しているが、[205] これは事実誤認である。日産側の内部対立がイギリス政府に対して正しく伝えられておらず、石原社長の言い分のみが流布されたことがわかる。川又と塩路は決して海外進出に反対していたのではなく、北米プロジェクトの先行を主張していたのであり、イギリス進出の財政負担の大きさに注意を促していたのである。加えて現地労組の態度が軟化してきたのは、自動車総連・労連会長である塩路が現地で根回しをしてきた積み重ねによるところが大きかった。日産側の経営陣の対立と腰の重さに対し、サッチャー政権の担当者は苛立ち、タフな態度に出ることも考えたが、[206] 自重し、日産側の決断を辛抱強く待った。推進派のトップである石原を怒らせてしまっては、慎重派に軍配が上がってしまい、元も子もないからだ。

たたみ掛ける英国政府

サッチャー政権と日系企業の「蜜月」に水をさすように、一九八二年一〇月、日本製の電子機器が狙い撃ちにされた。フランス政府の一方的な措置により、日本製のビデオ機器の通関業務が小さな内陸港ポワチエ（のみ）に集められた。[207] 通関に不当に長く時間がかかるため、一カ月で六万台の機器が保税倉庫に山積みされた。ＥＣ条約違反だったが、措置はフランス政府が翌年四月に撤回するまで続いた。日本（企業）にとっては災難であり、貿易摩擦に典型的な事例であるが、この事態を見てすぐに英国政府が動いた。日産の英国進出交渉を、わざわざライバルであるフランスが後押ししてくれるとは、誰も想像していなかった。

ポワチエにおける不公平な扱いに激怒する日本政府をなだめるように、サッチャー政権は、すかさず政府要人を東京に派遣した。表向きの目的は、新たに発足した中曽根政権に対して貿易摩擦の緩和を求めることだった。[208] 山中貞則通産大臣と会談を開くため、ジェンキン貿易産業閣内相が来日した。[209] 一九八三年一月一九日に開かれた会談において、ジェンキンは「英国政府はフランスの措置に追随しない」と明言した。[210] その理由は明白であり、日系電機メーカーが英国工場建設を進めていたからだ。山中大臣と友好的な会談をこなしたジェンキン閣内相は、日産の英国進出を通産省が後押しすることを期待する、と述べることを忘れなかった。彼は明言した。[211]

日英二国間の経済関係はまったく好転していない。日産が英国に進出しない場合は、イギリス向けの自動車輸出台数を減らさざるをえない。

日産の石原社長が自工会会長であることを十分認識したうえでの圧力だった。自主規制台数は毎年、自工会とSMMTが話し合いで決めていた。ジェンキンの言葉は日本のメディアの注目を集め[212]、彼は満足した。貿易産業省は日産の英国進出が日本国内で注目されており、このことが日産への進出圧力として作用していることを、早くから察知していた[213]。一月初めに訪英した安倍外務大臣も、事前に貿易産業相との電話において日産の対英投資が持つ重要性を認めており[214]、日本（日産の英国進出推進派）側がジェンキンの言葉を誘い出したように見える。安倍は前年にサッチャーが訪日した際に通産大臣だったため、日産の件を知っていた。

一月二一日、舌の根が乾かないうちに、ジェンキン閣内相は日産経営陣との会談に臨んだ。一九八二年夏、現地調達率八〇%について日産と英国政府は合意に達しており[215]、石原社長はこの点について変更がないことを強調した。ただし八〇%達成の時期については柔軟であってほしい、と再度理解を求めた。これは石原がサッチャーと会談した時と同じ主張である。大熊も議論に加わり、六〇%と八〇%の達成時期についての言及はあくまでも「目標」であり、達成義務ではないことを確認した。ジェンキンはこれらの声に理解を示し、他のEC加盟国の反発に対して英国政府が日産を全面的に弁護する、と約束した[216]。すでに二輪車のトライアンフ（ホンダが資本参加）に対して他の加盟国から同様のクレームをつけられたが、英国政府はこれを乗り切った。そのため、この点について英国政府は自信があった。ただし他の加盟国からの攻撃を撃退するためには、日産に現地調達率を高くしてもらい、これを厳守してもらわなければならない。約束を守ってもらえれば、必ず日産のために反撃する。

日産に限らず、もし日本側が日英貿易摩擦の緩和に向けた動きの中で対応が不十分な場合、貿易収支不均衡の大きさから言って「英国政府がよりネガティヴな手段に訴えざるをえない」とジェンキンは述べ、機を逃さず圧力をかけた。(217) 日系自動車メーカーにとり、すでに年間一一％の市場シェアに制限された英国市場へのアクセスを、さらに制限されることを意味した。ジェンキン閣内相の態度は一貫しており、これは先立つ通産大臣との会談ですでに述べたことだった。(218) もし自主規制枠がさらに絞られれば、日産の輸出台数が減少するだけでなく、他の日系メーカーの輸出台数も下方修正するはめになるため、日産は袋叩きに遭ってしまう。無論、輸出自主規制台数は、石原が会長を務める自工会がＳＭＭＴと毎年交渉して決めることであり、貿易産業省が直接決めることではない。ジェンキンは石原がいる目の前で彼の権限を踏みにじる発言をしたのだが、「一民間人に過ぎない」川又と石原がそのような正論を口にして反論できる空気ではなかった。二人は黙ってジェンキン閣内相に同意するしかなかった。否、川又の翻意を促したい石原は、ジェンキンの露骨な圧力を、内心喜んだ。

おもむろに沈黙を破った石原社長の要請で、川又会長はジェンキン閣内相に対し、日産は英国政府が提案する財政負担軽減策を歓迎し、英国進出決定に前向きに取り組む、と明言した。(219) ジェンキンに笑顔が戻ったが、すかさず「いつまでも交渉の窓口が開いているわけではない」と述べた。この言葉は皮肉にも、交渉開始前の一九八〇年夏、交渉妥結を悲願とする貿易産業省が政権を説き伏せた際に使った言葉だった[220]。それが回りまわって、英国政府から日産に対して投げかけられることになった。ジェンキンは「日産の英国進出が、日英関係を強固にする最良の手段」と締めくくった。いつの間にか、川又が日英貿易摩擦の好転を妨げる張本人であるかのような空気にされてしまった。言葉を荒げることなく相手に最大のプレッシャーをかけること、そして人脈を駆使してこれを様々なチャンネルをとおして公然と行うことが、交渉における英国紳士の真骨頂なのかもしれない。ジェンキンはかつて、「ホンダは前よりも好きになったが、今一つ欠けているのは日産との接吻（We have grown fonder with Honda but the kissing with Nissan is missing）」と頻繁に愚痴をもらしていたが[221]、それはすでに過去のことだった。川又の翻意を後戻りできないものにするため、ジェンキン閣内相は通産省と外務省にも川又に接触してもらい、「川又がゆっくりと計画推進に傾いている」との感触を在京大使館からの報告で得た[222]。一九八二年末の時点で、イギリスに投資する日系企業が二四社に過ぎない一方、ドイツ企業は約二〇〇社、米国に至っては約一五〇〇社が進出しており[223]、日系企業の進出は待ったなしで進められなければならなかった。

工場設備のリースに関する交渉

日産の川又会長の慎重姿勢を転換させるうえで、何が一番の決め手になったのか。英国政府との交渉に対する川又の態度が軟化し始めたのは一九八三年に入ってからであり、英国工場内の設備をリースで手配する交渉が進展した時だった。一九八二年九月にサッチャーと直接会談をして以来、川又はサッチャーから直接説得を受けていた。一九八三年一月二一日にはジェンキン閣内相をはじめ貿易産業省の担当者と在京大使に加え、石原と大熊を交えて交渉した[224]。それは事実上、日英・官民合作の川又包囲網だった。サッチャー主導の包囲網は川又に翻意を強要するだけの一方的なものではなく、貿易産業省とともにイングランド銀行も加えたものであり、日産側の財政負担をあらゆる方向から軽減するための、英国政府を挙げた布陣だった。貿易産業省が現地調達率と財政支援策を交渉し、イングランド銀行のリースはサッチャーの側近が交渉を担当した。銀行家出身の川又は、日産側の財政負担が重く、しかも長期に渡ることを深く懸念していたため、英国政府が有効な軽減策を真剣に打ち出したことを見逃さなかった。川又は川合勇常務をロンドンに派遣し、内容を詰めるための交渉にあたらせることにした[225]。

英国政府との交渉のため一九八三年三月三日から一〇日までロンドンを訪れた川合は、おもむろに日産英国工場の生産計画の変更を持ち出した[226]。提案は、川又の最後のささやかな抵抗だった。日産は一九八二年の初めの時点で英国政府と、八五年に年産六万台、部品の現地調達率六〇%で生産を開始し、八九年末に年産二〇万台と現地調達率八〇%を達成する、と合意していた。代わりに川合は、一九八七年まで生産開始を遅らせ、八九年に年産一〇万台を達成する、と提案した。一九八九年時点で日産が二〇万台フル生産への移行の可否を判断するが、その達成は九三年あるいは九四年であり、確約しない、というものだった。生産車種も、当初予定していた中型車ではなく小型車とされた。一九八一年の共同会見後も日産に大幅な後退提案を出し[227]、貿易産業省に不信感を抱かせたが、ここでも同様だった。

川合の提案に対して、貿易産業省は不快感を露にした。いったい今まで、何をしてきたのか。最終的に年産二〇万台を目指すこと、生産開始は一九八七年、年産一〇万台達成は八九年であり、これらは一切譲れない。[228]現地調達率についても失望が深かった。生産開始時に最低六〇％を達成すること、そして一九八九年までには、年間生産台数に関わりなく八〇％を達成することを求めた。後者については、当初は「年産二〇万台達成時点で八〇％達成」としていたので、貿易産業省が生産台数の拡大よりも現地調達率の向上を優先したことがわかる。そして一九八九年という判断時期については、これ以上日程の先延ばしをしないよう日産に対して注文をつけた。貿易産業省は特に生産開始段階の生産台数が少ないことに注目し、当初期待したほど英国経済にプラスの影響がないと判断し、「当初約束した選択的資金援助一〇％は多過ぎる」と難色を示し始めた。日産側が「経営陣全員の賛成が得られない」として、さらなる支援の積み増しを求めたことに対する返答だった。[229]日産側があの手この手で生産台数と現地調達率の達成日を遅らせつつ、他方で財政支援を少しでも多く取ろうとする態度に対し、貿易産業省は「サラミを切るように交渉材料を勝手にスライスして切り離すな」と釘を刺した。[230]生産台数と現地調達率を変更すれば、閣議で理解が得られなくなり、交渉を中断せざるをえなくなる。他方で、日産が貿易産業省の提案を呑み、（生産台数の多寡にかかわらず）現地調達率の早期達成を認めたことは、明るい材料として歓迎された。貿易産業省は「交渉の最終局面で財政支援を数％積み増せば妥結に持ち込める」と見て、[231]リース交渉に力を入れた。

川合はサッチャー自らが手配した工場設備のリース案を話し合った。[232]日産側は当初、英国政府が仲介することでイングランド銀行によるリースが割安なものになるのか、疑念を抱いていた。[233]川又はリース料八％を要求し、一九八九年の判断時に日産がイギリスから撤退できるオプションの確約を要求していた。[234]これについて貿易産業省は、「リース料の交渉は日産と銀行の間の交渉に委ねられるので、コメントできない」としつつ、「前代未聞の規模の投資であることから、割引も（明言できないが）前例のないものになる」と答えた。[235]特に、サッチャー首相自身がイングランド銀行との間に立って交渉していることから、割安なリース料になることはまちがいない、と強調した。川又が要求する八％よりも割安にできる可能性があった。[236]日産側は、欧州大陸でのリース契約のほうがスターリング圏での契約よりも割安である可能性について言及し、英国政府の反応を見た。日産は、リース期間の終了時に工場設備を買い取るオプションがあるのか、そして買い取った際の課税基準の変化について知りたかった。[237]説明を受け、リースの件は東京に持ち帰ることになった。貿易産業省は、日産がリースについて具体的に交渉を進めたことから、川又の翻意に手応えを感じていた。

川又は四月に入ってからサッチャー宛てに御礼の手紙を書いた。[238]サッチャーが先立って川又に伝えたとおり、イギリスの失業率は深刻なレベルに達しており、[239]川又も「進出如何の決断をいつまでも先送りするのはよくないと考えている」と書いた。リース案の提示に感謝の意を伝える一方、川又らしく、「リース以外の財政負担軽減策についても交渉の進展を望む」と要求した。地域開発支援と選択的資金援助の要求であった。[240]日産側としては、現地調達率の数値とその達成時期の決定を交渉の中で引き伸ばしつつ、少しでも多く英国政府からの財政的なコミットメントを引き出したかった。

川又提案と、G7ウィリアムズバーグ・サミット

イギリス進出交渉は、一進一退を繰り返していた。それだけではない。日産の国内販売は下落を続け、資金的な余裕がなくなっていた。海外事業に、黄色信号が点滅し始めていた。たまりかねた川又会長は、三月の経営会議において経営陣に考えを質した。(241) 経理担当は「〔台湾プロジェクトの〕資金を英国〔プロジェクト〕に回す事ができます」と訴え、生産担当は「米国工場が軌道に乗った後、［中略］〔英国プロジェクトに〕ある程度の人は割くことができます」と答え、部品担当は沈黙した。(242) 英国経済はサッチャーの金融政策によってインフレ抑制に成功し、労組のストも減少していたが、財政引き締めの結果、失業者は倍増していた。川又会長も、「政治的判断」としては英国進出の必要性を認め始めていたため、(243) なんとか英国プロジェクトを経済的に可能なものにするよう具体策を用意する一方、塩路会長に労使休戦を提案する必要についても考えるようになっていた。(244) この点については後述する。(245)

川又会長の努力は、国家間外交のレベルで予期せぬ妨害を受けた。一九八三年五月二八日から三〇日まで、米国のウィリアムズバーグでG7サミットが開かれた。サッチャー首相は中曾根総理に対し、日産が早く英国進出を決断するよう直訴した。日産の乗用車工場を誘致したいのは米国も同じであり、宿命のライバルの地でこの案件に言及する彼女は、大胆不敵だった。それだけではない。

サッチャーは中曾根に対し、貿易摩擦を緩和するよう強く求めた。彼女は日本の輸出が特定品目に集中していることを批判し、日本がイギリスから機械製品など、イギリスが得意とする品目を少しでも多く輸入するよう求めた。ビスケット、チョコレート、タバコ、そして特にイギリスが競争力を持つ航空・宇宙産業の関連品目を輸入するよう圧力をかけた。[246] 日本がイギリスからビスケットを輸入したくらいでは、貿易収支不均衡の是正にはほとんど影響がない。[247] サッチャー政権が求めていたのは、より大きな輸入額の増加、あるいは対英直接投資の拡大だった。前任の鈴木善幸が打ち出した日本市場の開放と輸入拡大を、中曾根総理も継続する意思を表明していたため、[248] 両首脳は基本路線において一致していた。

サッチャーは中曾根との会談の中で、日産の英国工場プロジェクトについて触れ、次のように明確に言及した。[249]

日産による英国進出が早期に決定されることを、これまでどおり期待しています。このプロジェクトは日産に成功をもたらす有益なものであり、同時に日英二国間関係を強固に結びつけるものです。

総選挙直前のサミットだったため、サッチャーは有権者に対して「新規雇用を創出する強いリーダー」としての姿を見せたかったし、目に見える具体的成果がほしかった。彼女が政権に就いた一九七九年以来、失業者が倍増していた。彼女の思惑に、中曾根総理と石原社長の思惑が一致した。

そもそもサミットの場で日産について直接言及する異例の手段を誰が最初に提案したのか定かではないが、石原社長であると言われており、[250] この仮説を覆す証拠は見つかっていない。石原は慎重派の川又会長に対して圧力をかけることができ、貿易摩擦を緩和するためのリーダーシップを発揮したい中曾根総理にも（やっかみ交じりの非難をアメリカから受けることを除けば）有利な材料だった。

中曾根総理はサミットから帰国すると、石原社長に対して「サッチャー首相が日産に英国進出を要請している」と予定どおりに伝え、[251] この件は広く世間に知られることとなった。総理の秘書をとおして直ちにこれを知ったサッチャーは、中曾根の迅速な対応に感謝した。[252] 川又会長と労組の塩路会長から猛抗議を受けた総理だったが、「アイム・ソーリー」とは言わなかった。石原社長は中曾根総理に「進出決定を後押しする、可能なすべての手段」を求めたが、中曾根はすでに手を尽くしていた。[253] そこで日本外務省国際経済課から相談を受けた在京大使館が、サッチャー首相から川又会長へ手紙を書くよう進言した。[254] 外務省は日産の進出決定が頓挫した場合、すでに激しい貿易摩擦に対して壊滅的な打撃を与えると予想し、これを防ぐために動いた。[255]

サッチャーは一九八三年六月の総選挙を圧勝で乗り切り、政権二期目に突入した。まもなく、川又からサッチャー宛てに「総選挙での勝利、おめでとうございます」[256] という短い祝福の手紙が届いた。これに目を付けた貿易産業省と在京のコータッツィ大使が進言し、[257] サッチャーからの返礼の手紙を交渉に使うよう促した。日英双方の進言を受け入れたサッチャーは、政権発足早々に川又に宛てた手紙を書き、サミットでの自らの発言の意図を釈明した。[258] 要件のみの、短い手紙だった。サッチャーは中曾根総理に伝えた言葉をそのまま引用し、日産の早期決断に対する彼女の強い期待を述べ、「総選挙によって政権が維持されたことは、経済政策の継続を意味し、これには当然、日産の英国進出交渉〔の妥結〕も含まれる」と書いた[259]。サッチャーの周辺はこの手紙のやりとりが日本のメディアに取り上げられ、世間の耳目を集めることを期待したが[260]、外務省国際経済課は公表に否定的だった[261]。一九八二年九月の訪日以降、サッチャーは川又個人と直接手紙のやりとりをする仲だった。しかしサミットの一件は事後承諾であり、「一民間人に過ぎない」川又の立場を軽んじる扱いであった。これに気づく側近は、いなかった。

サミットを使った公然たる圧力の行使に飽き足りなかったイギリス側が仕掛けたのか、中曾根政権の意思だったのか、あるいは独自の判断だったのか、「銀座の通産省」日産に対し、本職の通産省も動いた。自動車局は石原社長に釘を刺し、英国プロジェクトからの撤退を禁止する圧力をかけた[262]。これを知った川又は再び激怒し、日産による英国進出の決定を川又の反対が頓挫させかねない状態に陥った。進出決定には経営陣の全会一致が必要であり[263]、石原がこれを望んだのだが、川又の機嫌を損ねたことは致命的だった。当初は六月末に開かれる日産の株主総会の前に英国進出が決定されるはずだったが[264]、延期になってしまった[265]。川又の反発を招いた粗雑な政治圧力は、逆効果だった。川又が反対を貫けば、石原の社長辞任も視野に入ってくる危機に陥った[266]。

石原の危機を敏感に察知した在京のコータッツィ大使が、間に入った。「〔G7サミットでの言及は〕日英二国間の経済関係の重要性をサッチャー首相が再度強調する意図だった」と川又に釈明した[267]。しかし一国の首相が個別企業名に直接言及するのは、誰がどのように見ても異例の事態であり、火消しとしては不十分だった。そもそもサミットにおいてサッチャーは「日英二国間の経済関係」

と限定せずに「日英二国間関係」と言っており、自らの発言が政治的なものであることを正直に表明してしまっていた。川又の怒りをようやく察知した貿易産業省は慌ててサッチャーの側近に耳打ちし、川又会長がプロジェクトに前向きになっており、交渉が英国政府にとって好ましい方向で妥結する見込みが出てきたため、これ以上の政治圧力を一切かけないよう進言した[268]。進言はすぐに聞き入れられた。七月中旬に予定された通産大臣の訪英にともない、通産省は大臣によるサッチャー首相への表敬訪問を申し込んだが、「英国国益に直結する事案ではない」と判断したサッチャー政権から、丁重に断られた[269]。

六月二九日に株主総会を無事乗り切ったのを見届け[270]、川又会長が動いた。川又は七月六日から八日にロンドンに（六月末に常務から昇進したばかりの）川合勇専務を送り、二つの提案を持参させた。川合は持参した提案を、政務次官に出世したロビン・モントフィールドに提出した。日産交渉が始まった頃は貿易産業省の自動車局長だったモントフィールドだが、交渉手腕を評価されたのか、昇進していた。川合が提出した提案は、川又会長が承認したものであり[271]、英国工場プロジェクトを日産の財政負担に耐えられるものにするために用意されたものだった[272]。

一つ目のA案は、一九八六年からKD輸出による年産二万四〇〇〇台のパイロット工場を操業する、というものだった。新規雇用される四〇〇名により、一九八六年に一万二〇〇〇台生産し、続く三年間は年産二万四〇〇〇台を予定する。エンジン、変速機、ボディー外装は日本から部品として輸入して完成車を組み立てることになり、この時点で生産される車は日本製と定義される。ただし、このフェーズ1において最低二五％の現地調達率を達成することとされた。このフェーズの投資総額は五一〇〇万ポンドを見込み、英国政府がそのうち最高一五%の地域開発支援を与える[273]。日産はパイロット工場の運用実績を考慮しつつ、一九八七年に年産一〇万台の本格的な工場に拡大するか否か決める。拡大決定の場合、一九九〇年末までに現地調達率七〇%を達成し、九〇年までに年産八万一〇〇〇台、九一年に一〇万台を達成する。現地調達率八〇%を達成するために、このフェーズ2において、プレス成型およびエンジン組立工程の一部を工場内で行えるようにする。このフェーズ以降、工場からの輸出を実現するため、日産は最大限努力することとされた。日産側はパイロット工場に一〇%の選択的資金援助を求め、一九八七年以降の財政支援については、その時点での再交渉を求めた。一九九〇年末に日産は英国政府との交渉のうえ、フェーズ3へ移行し、年産二〇万台を目指す。日産への財政支援について英国政府は、フェーズ1に対し地域開発支援一〇%を、フェーズ2に対して地域開発支援と選択的資金援助を併せてプロジェクト総額の約一〇%を提供し、フェーズ3についてはその時点で交渉する予定だった。

日産が提示した二つ目のB案は、パイロット工場を開設せずに年産一〇万台の工場を立ち上げる案だった。ただし日産側の財政的な懸念に応えるため、英国政府による選択的資金援助をプロジェクト総額の二五%、地域開発支援を一五%必要とする。つまり三億ポンドに及ぶ投資総額の半分近くを、英国政府が負担することになり[274]、一九八二年二月に持ち出して却下された提案に近い性質のものだった[275]。ストなどによって生産が滞ることで採算が合わず、日産が撤退することになっても、損失額の半分をイギリス人の血税で負担することになる。イギリス人労働者の尻拭いは、イギリス人自身が負担するべき、という意味では正論であるが、日産の要求額が過大であるため、英国世論の理解を得られない可能性が大きかった。現地調達率については、一九九〇年に七〇%を目指すが、その後さらに八〇%達成を目指す約束は、反故にされた。一九八六年に一〇〇〇人の新規雇用が見込まれ、最終的に二二〇〇人となる予定だった。

二つの案はいずれも、これまで見解が一致してこなかった川又会長と石原社長がともに承認する案であり、交渉が進展した一つの証だった。[276] しかし両案を受け取った貿易産業省は、不満だった。[277] 一九八一年の会見時に合意した内容から、重要な部分が後退していたからだ。特にB案では、当初二〇万台とされた年間生産台数は半分の一〇万台に後退し、英国工場のエンジン組立工程についての言及がなくなり、部品の現地調達率も八〇%から七〇%に低下した。貿易産業省は特にこの点について神経質だった。数日前にホンダといすゞに対して八〇%の達成を強く要求したばかりであり、いまさら日産に甘い条件を提示するわけにはいかない。[278] 日産側は「当初の合意内容を諦めていない」と主張したが、その達成時期を事実上、白紙に戻したのである。[279]

川合が持参した川又の提案は、パーキンソン貿易産業閣内相の手でサッチャー首相のもとへ渡った。首相を囲んでの打ち合わせにおいて、日産側が次回の交渉を「日産進出の可否がどちらに転ぶにせよ、交渉の最終局面」と位置づけていることが確認された。[280] 日産側は「B案の内容は妥協の余地なし」とする一方、A案については交渉余地を見せていた。もともとB案は拒否されるのを前提にした案であり、A案を英国政府に呑ませるために出されたもので、政権もそのように理解した。[281] A案の内容は一九八一年の合意内容から後退しているが、それでも現在考えうる最善の案(value for money)だとサッチャーは理解した。[282] フェーズ1の生産車が日本製と定義されること、一度英国工場が稼働すれば日産が増産に動く見込みが高いこと、そして工場稼働によって英国部品産業の生産拡大と、他国の日産工場への輸出を見込めることが決め手となった[283]。サッチャーはA案に基づいて交渉するよう指示を出した[284]。東京での交渉再開は、七月二五日とされた。

交渉の打開

交渉の成り行きを静かに見ていた川又会長は七月一八日、サッチャー首相宛てに手紙を書いた[285]。手紙の中で川又は英国政府に対する不快感を露にした。川又は、イギリスのメディア（特に『エコノミスト』紙[286]）が川又を「日産英国プロジェクトの反対者」と繰り返し誤って伝え、悪者扱いしていることが不快だった。特にサッチャーがサミットにおいて中曾根総理に対し「日産の英国進出を期待する」と伝えたこと、そして中曾根総理が石原社長に帰国後これを伝えた一件を、川又が新聞で初めて知ったことについて不満だった。信頼関係を損なう非礼だった。川又は日産進出の決定が政治色を強め過ぎていることに強い違和感を覚え、サッチャーに異議を唱えた[287]。他方で川又はサッチャーに対し、二つの提案が日産側から出せる最善の案であると保証し、これに沿って交渉が進むことを希望する、と伝えた。川又は日産の英国工場プロジェクトの財政負担が一〇年先まで大きいことを加味し、英国政府がすべての選択肢を考慮に入れて日産側の懸念に応えるよう求めた[288]。川又は最後まで、銀行家としての視点に立って英国プロジェクトを見ていた[289]。川又の側近は、この時点で川又が計画反対から賛成へ翻意したと見ている[290]。

川又がサッチャーに宛てた手紙は、通常の手続きでロンドンに届かなった。一週間後に東京で貿易産業省と日産の交渉が控えていることから、手紙は在京大使館の判断により、規則を無視してすぐにその場で開封され[291]、内容が電報によってサッチャーの側近と貿易産業省の担当者に即刻回覧された[292]。貿易産業省は「〔八一年一月の共同会見〕当初のアナウンスよりも後退している」と川又の提案に不満をもち、川又に伝えたかった。不満ではあっても、日産が計画の撤回を申し出ているわけではないため、交渉を拒否する理由はなかった。留保をつけつつ、サッチャー政権は川又の提案を歓迎する意向を伝えることにした。

サッチャーの行動は早かった。電報を受け取るなり、彼女は川又に宛てた手紙を用意し[293]、川又が日産の将来を案じて苦肉の策を絞り出したことに理解を示し、彼の提案を歓迎する意向を明示した。サッチャーは少し言い訳がましく、五月のウィリアムズバーグ・サミットにおける中曾根総理との会話の中で日産英国工場計画に言及したことについて再度触れ、「進出如何の決断は日産〔のみ〕が決めることである、という原則を確認しただけ」と弁解した。彼女は川又の手紙に「総選挙での圧勝、おめでとうございます[294]」と冒頭に書いてあった件に対する返礼として、「総選挙での勝利は、イギリス国民が〔私の〕経済政策の継続を強く望んでいる証拠である」と説いた。サッチャーは熱を込めて、次のように書いた[295]。

貴君もご存知のとおり、好むと好まざるにかかわらず、日本の対英投資に熱い視線が注がれています。イギリス国民は、私が日本国総理大臣に会う際に、対英投資について言及し、これを歓迎する意向を伝えることを〔当然〕期待しています。

サッチャーの書いた文面は、川又への理解と感謝の気持ちの表現であると同時に、サミットでの一件については、「工場計画について言及して何が悪い」という逆切れに近い内容だった。川又への手紙の送信には最速の緊急用電報が手配され、即日、東京の大使館に届いた。手紙の内容と手配の方法からもわかるように、サッチャーは文字どおり、電光石火の豪速球を川又に返したのである。宣戦布告のような、一国の一大事に値する扱いを与えた。七月二五日に東京で再開される日産との交渉に間に合わせるための緊急策だった。電報で急送されたコピーを追い、手紙本体も遅れて川又の手元に届いた。手紙の末尾にはサッチャー直筆の短いメッセージが書き加えられていたが、これは川又への特別な感謝の意を明確にするよう、側近がサッチャーに進言した結果加えられたのである。[296]本文は貿易産業大臣の秘書が用意し、首相の秘書に渡った後、手直しされた。[297]川又会長の「翻意」が遅かったことへの不満はすべて削除され、彼の苦悩への理解と感謝の意が書き足された。そして、特に対英投資へのイギリス国民の期待の大きさについての言及が加えられた。[298]サッチャー自身の意図が明確にわかるエピソードである。

川又会長はサッチャーの反応の速さに驚き、面食らい、感服した。[299]次の交渉に間に合うか否か微妙なタイミングで行われた手紙のやりとりであり、川又が時間稼ぎを目論んでいた可能性があるが、[300]サッチャーは大急ぎで川又提案を呑むことで、次の交渉に強引に間に合わせてしまった。総選挙前にもかかわらずサミットで日産工場について言及したことといい、サッチャーにかなり大きなリスクをいくつも冒してきた。指導者としてリスクを冒すことができ、行動と決断が速いことは尊敬に値するし、川又はサッチャーの置かれた立場の苦しさを理解することができた。その「男気ある振る舞い」に川又が根負けしたともとれる。川又も、経営者として一肌脱がなければならなくなってしまった。

七月二五日の交渉はA案をもとに、以下の内容を叩き台にして始まった。一九八七年を分岐点と定め、日産が本格生産に移行するか否か決める年とした。一九八七年までの期間はパイロット工場として日本からのKD輸出を行い[301]、最悪、英国での部品調達や労使関係などで困難に直面した場合、日産が（大赤字を計上しつつも）撤退できる選択肢だった。このフェーズ1で生産される日産車は、英国製と定義されず、SMMTと自工会の間で毎年取り決められる日本の輸出自主規制台数に含まれる「日本製完成車の輸出」と定義される。パイロット工場を提案する代わりに、日産は一九九〇年までに年産一〇万台達成を約束し、将来的に二〇万台を目指す余地を残した。そして一九八七年以降のフェーズ2において、本格生産に移行して一八カ月以内に部品の現地調達率八〇%を達成すること、財政支援は投資総額の一〇%とされた。投資総額は、フェーズ1の五〇〇〇万ポンドとフェーズ2の三億ポンドを合わせ、三億五〇〇〇万ポンドを見込み、工場設備すべてあるいは大部分をリースによって手配することとされた。

TUCの提言と、塩路会長の「翻意」

日産の川又会長とサッチャー首相の間でトップ・レベルの詰めが行われる中、TUC傘下の英国労組も次第に日産を歓迎する方向に傾き始めていた。背景には、一九八一年夏以降TUCが進めた英国自動車産業についての研究があった[302]。少なくとも幹部層は、英国製造業が抜本的な構造改革を必要としていることを認識しており、そのためにも日系企業の英国進出を前向きに歓迎するべき、という空気になっていた。一九八一年七月に始まった英国自動車産業研究は、八二年一月にTUC経済委員会が叩き台を用意し、八二年四月から六月まで傘下の労組から専門家を集めて討議を行った。この時点でTUC幹部が言う「不公正な競争相手」はすでに日本ではなく、EC加盟が見込まれるスペインとポルトガル、そしてコメコン諸国の自動車輸出だった。研究報告書の第二版は一九八二年中にまとめられ[303]、八三年の総会に諮る予定だった。

報告書の主眼は日産を含む日系メーカーの対英進出（に対する批判）ではなく、英国市場で操業している四社の分析である[304]。それらは、BL、フォードUK、GM系のボクソールと、フランスのプジョー・シトロエン・グループに属するタルボットであり、「純粋に」英国資本なのはBLだけだった。三つの外資メーカーがEC市場全体の中で英国市場を重視しなくなっていることを、TUCは問題視した。これら外資は英国工場での物作りを軽視し、英国製造業の発展に無関心だった。一九七八年の時点で、欧州事業におけるフォードUKの生産台数はフォード全体の二五%に満たず、ボクソールとタルボットに至っては一〇%を切っていた[305]。このような外資に英国製造拠点の立て直しを期待するのは不可能である、とTUCは結論づけた。

このような惨状に追い打ちをかけたのが、日系メーカーだった。日系の自動車メーカーは生産コストの削減と製造工程へのハイテク技術（ロボット）の導入を進めて品質を向上し、圧倒的な競争優位を確保した厄介な相手（super competitor）だった。そのため、北米メーカーも欧州メーカーも販売不振が続く中、日系メーカーに追いつくための大型投資を余儀なくされ、財政状況が急速に悪化した。[306] 報告書はこれらの要因に加え、サッチャー政権下の高金利政策と、製造業に対する無策を厳しく批判している。「無策」とは、「自由貿易派」のドイツですら日本車の市場シェアが一〇％に達した時点で政府が動いたのに対し、英国政府が有効な輸入規制を課していないことを指す。無論、日英輸出自主規制は自工会とSMMTの間で毎年更新されていたが、TUCがそれよりも神経を尖らせたのは、イギリスで工場を操業する外資三社が、英国市場で売る車を他のEC加盟国の工場から輸入して販売していることだった。[307] TUCのメッセージは明確だった。イギリスで車を売りたいなら、イギリスで作ってほしい。この考えは、英国世論に支持された。

報告書は後半において、英国自動車産業を立て直すための提言を行っている。それらは、輸入規制（英国内の製造拠点に英国市場のシェアを確保させる）、投資の促進、自動車産業の国際化（対英投資の受け入れなど）、デザイン・開発部門の強化、多国籍企業への規制導入であった。[308] 最初と最後の点を除き、日産の英国進出はこれらすべてを満たす話だった。輸入規制などの規制強化はSMMTの主張と相容れない要求であり、一九八一年一月の共同会見の際にSMMTと同調した時とは異なるスタンスをTUCが採り始めたことがわかる。英国資本だけではなく、外資メーカーの経営層の利害をも代表するSMMTに対し、TUCは不信感を抱くようになっていた。

他方、「同じ外資」でも、日産については異なるアプローチが採られた。報告書は特に日産の名前を挙げ、英国工場計画において現地調達率を高く保たせること、英国工場から十分な輸出をさせること、そして他の英国製造拠点への影響（ライバル他社の雇用減少など）を慎重に見極めることを求めている。[309]慎重に留保をつけつつ、TUCは日産を歓迎し始めていた。一一月にTUCから報告書の提出を受けたモントフィールドをはじめ貿易産業省は、[310]TUCが全体のトーンとして日産を歓迎しており、英国進出の意義を正しく理解していることに安堵した。末端の過激なメンバーが反日（反日産）キャンペーンを打たない限り、英国労組全体が日産の進出を黙認する見込みが出てきた。

TUC幹部の歓迎姿勢とは対照的に、英国工場計画に慎重な自動車総連・労連会長の塩路を説得する交渉は難航していた。一九八三年八月一八日、総連と労連の幹部は会合を開き、日産の英国工場計画について話し合った。[311]これに基づき、日産の自動車労連は英国工場計画についてポジション・ペーパーをまとめ、TUCに送付した。[312]ペーパーは日系メーカーによる海外市場での貢献（海外投資による現地工場の建設）を重視するこれまでの姿勢を強調しつつ、日産の英国事業については懸念を表明した。特に、長期に渡って日産の赤字が見込まれること、日本国内市場でのシェアが低下しており、この立て直しを海外事業よりも優先するべきこと、英国工場の創設によって日本工場からの輸出が減る懸念、そして英国政府の政治的圧力が露骨であり、これに同調した日本政府の圧力にもさらされていることへの懸念が指摘された。[313]労連は、英国工場が完成した後、日本工場からの輸出を現状以上に制限するよう英国労組が要求していることを問題視した。英国工場から対EC市場への輸出が困難に直面する見込みであることから、日本工場からの輸出が大きく減少することを懸念した。[314]

自動車労連のポジション・ペーパーにおいて、日産英国工場計画は現状のままでは決行不可能、と断じた塩路会長だったが、川又会長が進出容認に傾き始めている中、足並みを揃えて徐々に態度を軟化させていた。川又と塩路は、最後まで労使協調路線を貫いた。この後まもなく、交渉妥結後に二人とも会社を去ることで、日産にとって一つの時代が終わろうとしていた。塩路を「最後の障害」と見るサッチャーの周辺は[315]、川又が塩路を説得することを期待した[316]。ウィリアムズバーグ・サミットを使って露骨な政治圧力をかけたことが塩路会長の「翻意」を促したのか否か、定かではないし、政権内でこの点を真剣に反省した形跡はない。サッチャー首相近辺は、日本のメディアに労組の反対が大々的に取り上げられ、塩路をはじめとする労連の態度が軟化し始めている、と見ていた[317]。川又会長もイギリスの労使関係の難しさを最後まで懸念していたため[318]、TUC幹部とつながりが深い塩路の説得と「翻意」は不可欠だった。塩路は日系メーカーの海外投資（現地工場建設）に賛成する数少ない労組指導者であり[319]、彼が日産英国プロジェクトに根っから反対しているのではなく、他の側面で石原と対立している、と英国政府は把握するようになっていた[320]。あと一押しのところまで来ていた。

塩路会長にとっての運動上のプライオリティーは、何よりも春闘と、労働戦線の統一だった。日産の中では、工場へのオートメーション導入による雇用減が焦点だった。日産の自動車労連はこのような視点に立った労働運動として世界初のケースであり、貿易産業省も注目していた[321]。先述のように、塩路をはじめ労連が英国工場計画において最も懸念したのは、日産の財務状況が悪化することで国内雇用が減少することだった。海外工場の操業にともなう国内雇用減少（英国・欧州向けの自動車の生産が削減されることで生じる人員削減）も当初は懸念されたが、塩路は、英国工場新設で日本国内の雇用は影響されない、と見ていた。[322]労連をはじめ、日系メーカーの労組を束ねる自動車総連全体の方針は、海外工場において日本的労使関係の導入を「押しつけではない形」で進めること、特に経営と労組の事前協議を尊重すること、そして進出先国における産業協力を重視することだった。[323]これらはすべて、進出先国における労働者の待遇改善につながることだった。塩路会長のもと、この時期に総連が国際交流分野で力を入れたのが、現地生産事業を完成車組立工場の建設に止めずに、部品供給産業にも拡大すること、そして海外赴任者の待遇改善に向けた調査を開始することだった。[324]特に前者に密接に関係する現地調達率の高さは、北米よりもイギリスが先行して強固に求めたことであり、一九八三年の夏から秋に向け、塩路が英国工場計画の決行に向けて労組全体を動かしていたことがわかる。

財政支援問題の決着と、日産創業五〇周年

一九八一年一月の記者会見以来、三年が経とうとしていた。しかし現地調達率と財政支援について、未だ両者は合意に達しなかった。日産内の分裂も長引き、[325]正式合意を遅らせることになった。単一労組協定も懸案事項として残っていた。日産と同様に英国政府も交渉妥結のために必死だったが、その「必死さ」を可能な限り表に出さずにきた。しかし交渉の最終局面にきて、リスクをともなう大きな譲歩を迫られることになってしまった。それは「小さな政府」を標榜し、財政再建を掲

げるサッチャーの改革方針に反する譲歩となる、危険なものだった。三年前、日産との共同会見の時点で「日産への選択的資金援助を提案せずに交渉を妥結させる」という政権の方針は、もはや消え去っていた。もし支援額を渋ったり、交渉では伏せたまま二、三年後に支援政策を改革して減額した場合[326]、他のEC加盟国に工場新設の話が流出する危険があり[327]、どこまで日産の要求に応えるのか、政権内で激しいやりとりが行われた。一九八二年二月に始まった補助金交渉において、当初日産は投資総額の一五％の地域開発支援（総額二億五〇〇〇万ポンドの場合は五二五〇万ポンド）と、選択的資金援助二二％（同、七七〇〇万ポンド）を要求していた[328]。日産はすでに一五％ではなく一〇％を容認し始めていたため、これ以上日産を失望させることについて、政権には躊躇があった。

一九八三年九月、財政支援について政権内で意見が割れていた。一つ目の論点は、日産新工場に現地調達部品を納める企業に対する財政支援の有無、そして二つ目は、政権が進める財政改革に関連することだった[329]。貿易産業省は前者について、すでに英国自動車（関連）産業が飽和状態であることから、支援要請は少ないと見込んでいた[330]。問題は、後者である。「小さな政府」を標榜するサッチャー政権は、財政支出の見直しを進めている最中であり、財務省が取り組んでいた。日産工場への将来的な支援が地域開発支援によるものなのか、それとも選択的資金援助なのか、納税額に差が出ることが問題だった。工場設備のリースにともない、日産への課税基準に違いが生じる[331]。地域開発支援は納税を免除されるが、選択的資金援助は課税される[332]。日産は選択的資金援助を得る場合、課税されて失う金額分の財政的な埋め合わせが必要である、と英国政府に求めた。投資が長期に渡ることから、日産側が政権に対して特別措置を求めたのである[333]。サッチャー首相の近辺では、日産に対して最大限の譲歩が必要との見方が優勢になりつつあった。この主張の裏には、貿易産業省の政権内での根回しがあった。

しかし財政再建を進める財務相のナイジェル・ローソン以下、財務省が反対した。財務省は当初、日産がフェーズ2へ移行する際、一切援助を与えない方針だった[334]。しかし交渉を担当するジェンキン大臣の了承のもと、貿易産業省はすでに一九八二年末に日産に対し、「将来的に財政支援政策の改革が行われても、英国政府は日産に対し、最大限優位な考慮のもとに追加の財政支援を与える」と書簡を出してしまっていた[335]。これは貿易産業閣内相の交替にともない、前任大臣が日産に対し、後任も日産に不利にならないよう（曖昧ではあるが）約束するために出したものだった[336]。例外的な約束とはいえ、いまさらこれを覆すわけにはいかない。日産側は貿易産業省の書簡が出たことによって、英国政府との交渉を妥結させる方向へ加速したのである[337]。唯一の救いは、書簡に具体的な支出項目や時期、金額を明示していないことだった。一九八三年八月に貿易産業省と日産は、現地調達率八〇％の達成と、投資総額の一〇％にあたる選択的資金援助を日産が受け取ることで合意していた[338]。貿易産業省は交渉妥結が見えてきたことで、少し浮き足立っていた。在京大使館のコータッツィ大使より「石原社長が年内の進出決定を示唆」と報告を受けていたからだ[339]。

財務相のローソンは、貿易産業省が先走って交渉を進めたことに立腹していた。彼らが財務省に対し、交渉日程が立て込んでいることを口実に[340]、「支援を行う以外に選択肢がない」という一方的な態度で臨んできたことに腹が立った[341]。誘致が悲願であることは理解できるが、勝手に財務省管轄の案件について日産に言質を与えてほしくない。ローソンは言葉を選びつつ、皮肉たっぷりに貿易産業省を批判した。財務担当者らしく、ローソンは貿易産業省の「雑な」統計データに逐一反論を加えた。財務省は日産工場が生み出す新規雇用を二七五〇人、これに対する（特別）財政支援が八七〇〇万ポンドから一億一二〇〇万ポンドと見込んでいた。[342]これは財務省にとり、雇用一人当たりを創出するコストで計算すると、（割に合わないわけではないが）すでに他よりも五倍近く「割高な援助プロジェクト」であり、政府の地域支援政策の予算残高を脅かす額だった。[343]貿易産業省は新規雇用を六〇〇〇人と見込んでいた。[344]ローソンによれば、貿易産業省のデータは新規雇用の数を水増ししており、日産が八〇％の部品を（他のEC加盟国ではなく）すべてイギリスで購入し、かつ日産の新工場から二〇％を大陸向けに輸出するという、フランスおよびイタリアの牽制・反発を無視した、「極めて楽観的で、根拠の疑わしい」ものであった。[345]

財務相ローソンの厳しい反対に直面し、貿易産業省は日産への埋め合わせについて、日産が蒙る「被害」（日産が受け取る選択的資金援助に対する課税により、政府に戻る見込みの金額）とまったく同じ額に厳格に制限することを約束した。[346]貿易産業省の中には、サッチャーが首相に就任して間もない一九七九年に行った産業支援の縮小を問題視する向きもあり、「産業界を盛り上げる方向で支援を積極的に行うべき」という使命感があった。[347]財務省も貿易産業省も、日産の進出を歓迎することでは一致していたし、日産への支援に問題が生じた場合、他の日系企業の進出決定と対英投資にも広く影響する、と認識していた。[348]そして日産のケース（のみ）を特別扱いすることで生じる難しさ、特に他の支援案件への支出を抑える理由や根拠を失うことに対する懸念を共有していた。日産だけ特別扱いしたことが世間に知れた場合、財政再建法案の議会審議が紛糾して収拾がつかなくなり、[349]

政権の命取りになりかねない。

最終的に、日産の新工場を他のEC加盟国に横取りされるリスクを貿易産業省が強調しつつ、財務省に歩み寄り、今後の支出拡大に歯止めをかけることを約束し、政府内での議論が決着した[350]。一九八三年九月、サッチャー自らが財務省と貿易産業省の間に割って入り、彼女らしく、日産への援助総額が超過しないよう注文をつけ、部品産業への将来的な支援を日産本体への財政再建とは切り離して行うと決めた[351]。将来、改革によって支援予算の縮小が決まっても、日産への支援は影響を受けず、合意に達した時点での金額を受け取れることになったのである。九月中旬に貿易産業閣内相のセシル・パーキンソンと日産の間で、日産へのインセンティブの総額が約一億ポンド（当時一ポンド二三〇円）となること[352]、そしてこれは英国政府の将来的な財政改革に影響されないことが確認された[353]。政府は部品産業への援助をしないことと、合意以降に話し合われる日産への将来的な支援は、財政改革の例外とならないことを確認した[354]。これを受け、財政支出を切り詰める役回りのローソンも、日産への支援を渋々承諾した。日産がどこに工場を建てようと、工場だけで三〇〇〇人近い新規雇用が見込めるため、雇用省は当初より「文句なしの賛成」だったし[355]、財政支援問題が決着したことで、サッチャー政権は一つになった。ただし、財務相のローソンがサッチャーに対する個人的な違和感をどれくらい払拭できたのか、正確にはわからない。財務省に対して大幅な支出カットを再三強く求めてきたのはサッチャーなのに、今度は「日産のために支出しろ」と詰め寄ってきた。あなたは一体、どちらなのか。日産の件は、両者の個人的な溝を埋めないまま決着した。ローソンは後にサッチャーに背を向け、彼女を辞任に追い込むことになる。

財政支援について妥結したことを受け、合意書署名の前に、英国政府と日産の間で文面の摺り合わせが行われた。生産台数については、財政支援について最後の詰めを行う寸前の八月初旬に妥結していた。しかし合意書の文面には、「一九九〇年代に年産二〇万台を達する」と具体的数値を挙げないことになった。[356] 日産側の「パイロット工場の立ち上げ」というスタンスに配慮した表現となり、将来的な大きな数値の達成を義務づける印象のある言葉や数値が削除された。貿易産業省はなるべく大きい数値を明記することを目指したが、[357]（日系）ライバル他社の進出に影響する懸念もあり、[358] 交渉妥結を優先して譲歩した。しかし将来的に二〇万台を目指す工場であることを暗示するため、「工場用地八〇〇エーカー」という文言は残されることになり、[359] 英国政府の意向もさりげなく盛り込まれることになった。

一九八三年は、日産にとって特別な年だった。合意書の文面が用意されて間もなく、一二月に日産は創業五〇周年を迎えた。一九七五年四月に授与された川又会長に続き、八三年四月に石原社長が勲一等瑞宝章を授与され、日産創業五〇周年に花を添えた。同年一一月にはトヨタの豊田英二会長も勲一等瑞宝章を授与されている。同年五月に米国工場が稼働したことに加え、七月に日産は輸出累計一五〇〇万台を達成し、八月には生産累計三五〇〇万台を達成した。しかし英国工場の開所式はおろか、五〇周年の記念行事にあわせて合意書の署名を間に合わせることができなかった。それだけではない。交渉が妥結したのは英国政府が直接交渉を担当した部品の現地調達率と財政支援についてであり、工場の立地と単一労組協定は決着していなかった。水面下では、労連会長の塩路を追い落とす陰謀が動き始めていた。[360]

「最後の障害」の除去

一九八三年秋、日産の川又会長が英国工場建設に向けて翻意したのに合わせ、労連会長の塩路も徐々に対英進出慎重論を封じ始めていた。もともと海外事業には賛成であり、川又会長が英国プロジェクトの最大の問題である日産側の財政負担の大きさを交渉の中で解消できれば、反対する理由はなかった。

反対どころか、塩路は自分に対する周囲の誤解を解くことと、TUCに歩み寄るタイミングを探していた。英国労組は新工場での単一の交渉相手として選ばれようと、あの手この手で日産現地調査団や総連・労連幹部と接触しようとしていた。塩路にとり、いつ誰と会うかは重要だった。TUCウェールズ支部は一九八三年暮れ、TUC幹部に話を通さずに塩路を地元カーディフに招こうとしていた。これを貿易産業省からの通報で察知したTUC幹部は、即座にこの密談計画を潰した。(361) 日産英国工場での単一労組協定は、TUC傘下の単産と日産の労連が結ぶのではなく、現地労組代表と日産の現地調査団が交渉し、合意するものである。英国労組同士の紛争によって今さら日産誘致交渉が頓挫しては、悔やんでも悔やみきれない。誤解を招くような抜け駆けは、厳禁だった。この点について、TUC幹部と貿易産業省は一致していた。

当のTUC幹部たちは、塩路会長の意向を正しく把握できていなかった。一一月一四日付の『ガーディアン』紙をはじめ、未だに「英国工場に反対する邪魔者」のように報じられていることについて、塩路は不満だった。[362]塩路は一九八三年秋にブリュッセルで開かれたICFTU執行委員会の合間にTUC幹部をつかまえ、抗議した。[363]AUEW委員長のテリー・ダフィーは秋にフランクフルトでIGMの大会に出席した際、塩路本人から「英国工場プロジェクトに慎重」と伝えられていたが、[364]塩路はこの時、英国工場計画を黙認する意向を伝え損なってしまった。すでに一一月に塩路は「英国工場計画を進める」と周囲に明言し始めていたのである。[365]貿易産業政務次官のモントフィールドも塩路の「翻意」を察知していた。[366]その後、年が明けた一九八四年一月に在ブリュッセルの加賀美秀夫大使と面会したTUC幹部も同様の事実を確認し、[367]塩路の「翻意」が本物であることを確信した。これで、どの現地労組が日産と単一労組協定を合意しても、自動車総連・労連の反対に遭う危険がなくなった。石原社長にとって「最後の障害」だった塩路は、[368]単一労組協定が締結された暁には、用済みとなる。

日産と英国政府、合意書を取り交わす

一九八四年二月一日、日産は英国自動車工場建設について英国政府と正式合意した。部品の現地調達率と財政支援を話し合う日産と英国政府の交渉は、決着した。工場立地と、新工場における単一労組協定を保留にしたままの合意となった。これら二つの事項は、合意発表後に、日産と地元自治体・労組の間の継続交渉となった。その立地問題も、三つの最終候補地は立地条件について甲乙がつかないため、地元の労組が単一労組協定を呑むかどうかが焦点となった。日産の進出交渉は、

最後の最後まで労使関係が交渉のゆくえを左右することとなった。

日産と英国政府の間の合意書署名式に際し、サッチャー首相は川又会長とロンドンで会談を開くことを期待していた。[369] サッチャーとしては、自らは署名式に出席しないが、[370] 英国側の度重なる要求に川又が最善を尽くして応じてくれたことに対し、二人だけの会談を設定して御礼がしたかった。貿易産業省もサッチャーに賛成し、川又の訪英を期待したが、[371] 胸中複雑な川又がこれに応じなかったことは想像に難くない。一九八二年九月のように、政治的な会談を強要され、[372] 日産の撤退を不可能にするような言質を与えたくなかったのかもしれない。英国政府の側も、署名を急ぐあまり日産に足元を見られることをおそれ、交渉が遅れがちになっていた。[373] 川又にこれ以上の強要はできないため、固執しなかった。ようやく署名に漕ぎ着け、意気揚々とロンドン入りして合意書に署名したのは、川又会長ではなく石原社長だった。サッチャーは、石原との会談は設けなかった。石原はノーマン・テビット産業閣内相とともに、合意書に署名した。

合意書の内容は、以下のとおりだった。[374]

日産自動車と英国政府（貿易産業省が代表）は本日、イギリス国内に乗用車工場を建設することで合意した。以下、合意の概要である。

（一）日産は、英国の労働組合および自治体との交渉において、満足すべき結果が得られることを条件として、英国内の開発地域もしくは特別開発地域に工場適地を選定し、乗用車工場の建設に着手する。用地は未だ決定していないが、約八〇〇エーカーの土地を予定している。

（二）日産が建設する工場は、日本からの輸入部品により年間二万四〇〇〇台の組立て能力と、四〇〇－五〇〇人程度の従業員を有するパイロット工場である（この段階をフェーズ1と呼ぶ）。この工場の運営をとおして、日産は労使慣行、現地部品の調達、その他英国における事業運営の環境条件に関する経験を積み将来の計画の可能性をみきわめる。なお、この段階で生産される乗用車は日本からの輸入完成車として取り扱われ、自工会とSMMTの間の輸出自主規制に含めて数える。

（三）日産はフェーズ1の工場における経験をもとにして、つぎの段階（フェーズ2）に進むか否かを決定するが、この決定は一九八七年までに日産のコマーシャル・ベースによる独自の判断にもとづいて、日産が行う。もし日産がフェーズ2にすすむことを決定した場合には、この段階では少なくても年間一〇万台の生産能力を有し、従業員は約二七〇〇人に達すると予想される。生産は一九九〇年には開始され、一九九一年には一〇万台に達する見込みである。また、この段階においては、日産は英国から相当の水準の輸出ができるものと期待しており、その実現に最善の努力をする。フェーズ2の終了時点で、日産のコマーシャル・ベースによる独自の判断により、英国事業のさらなる拡張を行う。ただし、予期せぬ外的要因の変化、またはフェーズ1における日産の経験からフェーズ2における重大な予定変更が必要と判断される場合、日産と英国政府は双方が合意できる解決を模索する。

（四）フェーズ2において日産は、国産化率（現地調達率）について生産開始時に六〇％を、[375]一九九一年なかばまでに八〇％を達成し、その後その割合を維持する。日産は可能な限り八〇％以上の現地調達率を目指す意向である。ただし、日産による対応が及ばない技術的・商業的困難を英国政府が認めた場合、日産は上記の現地調達率の達成日程に拘束されない。

（五）ここで合意された国産化率の目標が達成されることを条件として、英国政府は、フェーズ2において生産される乗用車は生産開始時から英国製とみなす。

（六）日産と英国政府は、当該事業が日産と英国の部品供給産業との間の長期的なコラボレーションの発展に資することを目指す。このプロジェクトに関する部品、材料、サービスおよび機械装置について、日産は英国メーカーに可能な限りの競争の機会を与える。

（七）日産が英国における製造事業を確立することに協力するため、英国政府はあらゆる面で実務上可能な最大限の努力をする。このプロジェクトが成功すること、および本日合意された事項を円滑にすすめるため、英国政府と日産は緊密な連絡と協力を維持していく。

（八）英国政府は、このプロジェクトが英国経済の強化にとって顕著で長期的貢献が期待できると考え、三五〇〇万ポンドを超えない範囲内で、選択的資金援助を日産に提供する。この額はフェーズ2の投資総額の一一・七二％に相当し、フェーズ1を含めたプロジェクトの総投資額の一〇％に相当する。[376]

（以下、日産の発表資料の末尾に付された付記[377]）

日産は、当該事業がオースチン社との技術提携以来、長く続く日産とイギリスとの関係に新しい次元をもたらすことを期待する。日産に英国事業を成功させるために各方面の協力を仰ぐとともに、当該事業が日産とイギリス双方に有益なものとなることを願っている。

フェーズ1に五〇〇〇万ポンド、フェーズ2に三億三〇〇〇万ポンドを費やす、大きなプロジェクトである。[378] 合意書の署名は、一九八一年一月二九日の共同会見から数えて三年目であったが、工場用地の決定と、現地労組との合意が残されていた。合意書の署名と内容の発表は、交渉妥結の区切りとして行われた行事であると同時に、これら残る二つの懸案事項を早期妥結に至らしめるためのカンフル剤として機能した。

工場用地、北東イングランドのサンダーランドに決定

誘致合戦は一層熱を帯び、日産による工場用地の選定は長引いていた。労組関係者の言葉を借りれば、単一労組協定を勝ち取ろうとする労組同士の競争は、「美人コンテスト」の様相を呈した。[379] 言い換えれば、労組同士の「雇用の奪い合い」だった。サッチャーは当初より、北東イングランドに決着することを望んでいたといわれているが、[380] 誘致は簡単ではなかった。政権内にはスコットランド担当相とウェールズ担当相はいたが、イングランドの地方自治体を代表する閣僚はいなかったのである。この役割を事実上、サー・パトリック・ジェンキンが貿易産業相から転任して環境相として引き続き担った。[381] 候補地は最終的に二つの特別開発地域に絞られていた。北ウェールズのショットンと、北東イングランドのサンダーランド空港跡地だった。

日産の工場を誘致するため、どの自治体も必死だった。その必死さが裏目に出ることもあった。北ウェールズは英国政府に対し、日産誘致に有利になるよう、同地域が地域政策の支援地域に指定されるよう働きかけた。しかし地元企業はこのようなステータスの付与が不名誉な汚点になるため反対し、サッチャー政権もこのような変更が日産誘致で不公平に作用すると判断し、却下した。[382] 英国政府は候補地同士の誘致合戦に政府が加担しないために、財政支援をすべての立地に対して平等にした。[383] しかし北ウェールズは、財務省との約束に反してまで日産への補助金を上乗せし、[384] 北東イングランドよりも交渉上の優位を獲得しようとした。これに気づいた北東イングランドの開発公社とタイン・アンド・ウェア州議会がジェンキン大臣に通報し、猛抗議した。サッチャーは同意し、ウェールズ担当相に補助金積み増し提案を取り下げさせた。[385] ジェンキン自身は、この最後の一幕が工場用地の決定に際して大きく作用した、と回顧している。[386]

両候補地の競争条件が対等に戻ったところで、最後に効いたのは労使関係、特に地元労組の出方だった。一九八四年二月二五日、日産代表団が北東イングランドを再び訪れた。[387] 一九八二年一〇月、石原・サッチャー会談の間に訪れて以来の現地訪問だった。[388] 英国北部開発協議会、貿易産業省、タイン・アンド・ウェア州協議会、サンダーランド郡協議会、ワシントン開発公社およびTUC北部支部の幹部から揃って熱烈歓迎を受けた。北東イングランドの労働党幹部が貿易産業省の担当者から情報を得つつ、自治体や労組を束ねて誘致交渉を進めてきた。[389] TUC北部支部は投票により、単一労組協定を地元のすべての労組が原則認める決定を、一九八一年四月に早々に下していた。[390] TUC北部支部は八四年三月二八日の執行部委員会において、八一年四月三〇日の決議を改めて確認し、[391]

再度投票を行って追認した[392]。日産誘致に一丸となって取り組むこと、日産との単一労組協定が結ばれた際は他の労組もこれを容認すること、そして投資の呼び込みと良好な労使関係の実現のため、日産と類似する労使合意を促進するためのひな型を作ることを決議した[393]。

日産の工場立地の決定は、どの地方の労組が最も統率がとれ、単一労組協定をすんなり受け入れるかをめぐる競争だったといえる。単一労組協定とノーストライキ合意に前向きなＡＵＥＷの組合員が他の地域に比べて最も多いのが、北東イングランドだった。ウェールズは鉄鋼業が衰退しつつも依然として「顕在」であり、自動車メーカーの工場も同様だった。これでは、ＧＭＢ（一般自治体・ボイラーメーカー労働組合）やＴＧＷＵなど、ＡＵＥＷと組合員を奪い合う労組が日産工場内に複数乱立し、労使関係が悪化することが予想された。ＡＵＥＷは組合員、約八五万七五〇〇人（八七年）を擁したが、製造業の現場ではＧＭＢやＴＧＷＵのほうが組織率が高かった。自動車産業の根づいていない地のほうが、新しい労使関係の構築に好都合だった。失業が最も深刻な北東イングランドだからこそ、組合員がＡＵＥＷに絞られ、そのおかげで、（前）所属に縛られない採用人事と組合員の募集ができたのである。なお、日産の人事を担当したウィッキンスは、単一労組協定の受け入れ決定について、「どの組合が会社に最も協力的か［中略］ではなく、日産の労働者が希望するのはどの組合かを判断して決定された」と証言している[394]。

このように、地元の組合指導部の支持と協力があってはじめて、日産の新工場は日本的な労使関係を導入し、柔軟な配置転換ができる生産性の高い「日本的な」工場を操業できることになった。日産は一九八四年三月、フィージビリティ・スタディ・チームを発展的に解消して英国工場開設準備室を設置し、工場建設用地を決定した[395]。同年三月三〇日、工場用地の確定を発表し、北東イングランドのサンダーランドを選んだのである。

第五章
日産サンダーランド工場の開業

工場正門

サンダーランド

ロンドンのキングス・クロス駅から特急で三時間、終点サンダーランド駅の地下ホームに電車が滑り込むと、ホームが二つしかない比較的小さな駅であることに驚く。折り返すロンドン行きの特急の他は、北東イングランド随一の都市ニュー・キャッスルへ向かう電車が、時折入線するくらいである。地上に出るとカモメの鳴き声が響き、海沿いの町に来たことを実感させてくれる。日本ではあまりなじみのないサンダーランドであるが、人口約二七万五〇〇〇人（二〇一一年）を擁する都市である。一九八六年に日産英国工場がこの地に創設され、日産の城下町としての顔を

サンダーランド駅

持つサンダーランドであるが、駅を見渡しても町を歩いても、日産や日系企業の広告はほとんど見当たらず、少し拍子抜けする。強いて言えば、街中で日産車とルノー車を比較的多く見かけるくらいである。

町の中心から郊外へ向かう道を北西に二〇分ほど進むと、丘の向こうの景色が開け、風力発電機が八基ほど立つ大きな工場が遠景に見えてくる。日産サンダーランド工場である。陸橋で高速道路

を越えて工場に近づくと、「サンダーランド——日産のホームタウン」とうたった看板が目に入る。まもなく日産英国工場の正門前にたどり着く。日産はこの地に根をおろし、従業員六〇〇〇名、年産五〇万台体制（二ライン、四車種）を維持してイギリスおよび欧州向けの自動車を生産している。一〇〇％電気自動車のリーフも、欧州向けの車両はこの工場で生産されている。

工場遠景

工場用地の確保と工場建屋の建設

日産は一九八四年三月、フィージビリティ・スタディ・チームを発展的に解消し、英国工場開設準備室を設置し、工場建設用地を決定した[1]。用地は北東イングランドのニュー・キャッスル郊外、タイン・アンド・ウェア州サンダーランド郡のワシントン・ニュータウンに隣接し、特別開発地域に指定された八〇〇エーカー（三二四万平方メートル）の土地だった。日産を誘致するインセンティブとして、土地は一エーカー当たり約一八〇〇ポンドという格安の農地価格で提供された。この土地は第二次世界大戦中および戦後に空軍基地として使われていたが、一九六二年七月に民間に売却された。一九六四年六月からサンダーランド空港として細々と営業していたが、後に閉鎖された。

日産は工場用地を決定した翌四月、日本車メーカーとしては初となる全額出資により、英国日産自動車製造会社（英国日産）を設立した。初代社長には、土屋利昭が就任した。すぐに工場建屋の建設が始まった。タイン・アンド・ウェア州協議会が空港施設の撤去と埋め立て工事を行い、整地予定の三・二平方キロメートルのうち、フェーズ1用の一・二平方キロメートルが用意された。一九八四年七月に、工場の起工式が行われた。石原社長は挨拶の中で、東京で海外メディア、特に英語メディア向けに発信してきた内容を再確認するように[2]、同じ内容を述べた。

我々は自動車工場に関する四本の経営哲学の柱を持っている。第一は社内における自由で率直なコミュニケーション。第二は身分の均一化を全従業員に実現すること。第三は全従業員に平等に昇進の機会を与えること。最後に生産現場において十分な柔軟性をもたせること[3]。

一九八四年一一月に工場建屋を着工し、翌八五年一二月に建屋が完成した。続いて設備機器が運び込まれ、工場は着々と操業準備が整った。

単一労組協定交渉の決着と、塩路会長の失脚

イギリスにおける労使関係に日本的な制度や慣行を持ち込み、定着させることは、「日本化(Japanisation)」と呼ばれた。その中身は、単一労組合意、ノーストライキ合意、労働者の(仕事内容に関わらない)均一待遇、柔軟な配置転換の容認など、多岐に渡る。これら異質な要素を生産現場において受け入れることを、TUCは「新現実主義」と名づけ[4]、激しい賛否を戦わせつつ、徐々に受容した。日本化は、果たしてうまくいったのか。成功した、という肯定的評価がある一方で[5]、生産性は向上したが製造業の国際競争力向上には至らなかった[6]、との指摘や、現地の経営環境の悪さを指摘する声がある[7]。

英国工場の建屋が建設され、日本化についての賛否が議論される中、最後まで懸案として残った単一労組協定についての交渉がついに決着した。イギリス労使関係における「革命」とまで騒がれた単一労組協定は、現地労働組合に対する日産の粘り強い説得に加え、誘致交渉に時間がかかったことも幸いし、現地の労働者に徐々に受け入れられていった。すでに英国工場を有していた松下電器(現、パナソニック)、日立、東芝、三洋(現、シャープ)などの工場ではすでに単一労組協定が導入され、安定した労使関係を築いていた。一九八一年、プリマスに一〇〇%出資の工場を稼働させた東芝は、単一労組協定の枠組みを「日英合議の末に編み出した新日英方式」と名づけ[8]、「英国工場の日本化」という類の押しつけを避けた。日本的な慣行とイギリスの経営手法の良し悪しを双方が比較しながら最適な方法を話合いで選ぶ、共同作業の中から生まれた労使協調だった。こうした地道な模索は現地の労組から支持された。カーディフ工場でカラーテレビを毎年二二万台、オーディオ機器八万台(一九八四年度)を生産する松下電器UKは、単一労組協定を結んだEETPU

（電気・電子・機械通信機・配管工組合）幹部から深く感謝された。それは単にイギリス製造業の輸出振興に貢献したのみならず、優れた品質管理をイギリスに定着させたからだ[9]。東芝、三洋、日立はＥＥＴＰＵとの間に、ノーストライキ合意を含む単一労組協定を締結していた[10]。

しかし電機産業の工場とは異なり、英国日産のように被用者の数が一桁多く、様々な職種の従業員が務める自動車工場に単一労組協定が導入されたのは初めてだった[11]。一九八四年に日産が労組側と交渉を行った際に参加したＴＧＷＵ、ＡＵＥＷをはじめとする労組の中から、新工場での従業員の身分均一化について反対する者はいなかった[12]。すでに紹介したように、これはＴＵＣ北部支部が先立って単一労組協定を原則として認める投票を行い、現地労組が一丸となって日産を歓迎したおかげであった[13]。北アイルランドに次いで失業が深刻な北東イングランドゆえ、どの組合が英国日産との協定を勝ち取ったとしても、他の組合の理解と協力を得ることができた。北東イングランドにＡＵＥＷの組合員が多いことも、日産側が同地域を最終的に選んだ理由だった[14]。

一九八五年四月二二日、英国日産はＡＵＥＷとの間で単一労組協定（single union agreement）を締結した。協定の主な内容は、四つである[15]。第一に、単一組合である。サンダーランド工場において労使交渉ができるのはＡＵＥＷのみであり、工場内の上級技師、生産工、技術者、管理者、監督、技師などすべての社員を代表する。第二に、争議行為回避である。決して労働者の争議権を否定するものではなく、賃金その他の労働条件を労使代表一〇名以上で構成する企業内協議会において話し合う日本的な制度である。協議会で決定できない場合は調停仲裁機関に委ねるが、すべての手続き中は争議行為ができない。いわゆるノーストライキ合意であるが、この象徴的な名前だけがイギリスで独り歩きをし、議論を呼び、多くの誤解を生んだ。サッチャーもその一人だった。[16]第三に、弾力化である。工場内の職種は「技能者」および「製造担当者」の二種類に集約され、一人の工員が複数の種類の仕事をこなし、工場内の配置転換に柔軟に対応できることとされた。日本の工場では当たり前のことであったが、職能ごとに高い壁があり、配置転換がほとんどないイギリスでは画期的なことだった。そして最後に、共通の労働条件である。労働時間、休暇、交替および割増賃金など、労働条件は全社員同一とされた。給食施設も役員用とそれ以外を分けず一つにし、全員同一の制服を着用した。このように、サンダーランド工場はイギリスの労使関係、特に自動車産業において画期的な新しい職場としてスタートした。

晴れて現地の労組と単一労組協定を結んだことから、石原社長にとり、労連を率いる塩路会長は用済みとなった。英国工場の開所式に「交渉妥結の功労者」として同席されては困るし、自分（のみ）の手柄にしたい。社内労使で討議を重ねるのが筋であるにもかかわらず「分をわきまえなかった」塩路会長を批判する意見があるが、[17]むしろ社内議論を軽視した挙句に、社外の政治圧力まで動員して「分をわきまえなかった」のは、石原社長であろう。塩路はまもなく、石原が仕組んだ労組内のクーデターによって日産を去ることになった。[18]塩路は一九八六年二月二五日に自動車労連会長を、翌二六日に自動車総連会長を辞任した。この顚末を見届けるように、川又は一九八六年三月に死去している。川又も塩路も、日産社員として開所式を迎えることができなかった。川又は亡くなる一カ月前に運転免許証を更新しており、[19]家族を驚かせた。最後まで自動車への情熱を失うことなく、生涯を全うした。

英国労働運動と自動車産業

単一労組協定の締結にこだわった日産に優位に働いた要因は、労組レベルの交渉以外にもあった。英国労働運動の関心が、日産の現地工場建設から他のイシューへ移り始めていたのである。無論、例外はあった。「ジャップ《（ママ）》が一人〔イギリス人労働者を〕雇うたびに、ＢＬの工場で二人が失業する」というクレームが、自称労働党員からＴＵＣ書記長のマレーに寄せられた。[20] 日産との交渉の中で財務省が使ったロジックが[21]、いつの間にか歪曲された挙句に、日産進出に反対する世論によって広く使われるようになっていた。ＴＵＣはこのような見解に慎重に距離を置いて反論し、貿易産業省と同様、「日産進出によって新規雇用の創出が多く見込める」と諭した。

英国世論は、依然として日系企業に対して厳しい見方をしていた。一九八六年の世論調査の結果によれば、ＥＣ加盟国を含む七カ国の中で「日本を信頼できる」と答えた回答率はイギリスが最も低く、七％に過ぎなかった。最も好意的なスペインの数値が七二％、対日批判の急先鋒だったフランスでも二六％であり、一桁はイギリスだけだった。[22] 他の項目では、「日本は不可解な国」と回答した割合が二九％、「日本は閉鎖的」が四七％、「日本は国際的な役割を果たせていない」が七二％に達した。[23] このような風当たりの強さは、現地駐在の政府関係者も証言している。貿易摩擦の只中にニューヨークとロンドンに出向した塚本弘は、次のように証言している。

あるセミナーにおいて、英国人の出席者から、「日本人は quality of life（生活の質）を犠牲にして働いているように思えるが、このような日本人に対抗するため何故英国人は quality of life を犠牲にして働かねばならないのか」との質問が（塚本に対して）なされた。[24]

塚本は生活の質を一層重視する必要性を認めつつ、日本人の人生観を、仕事のやりがいと生活の質の向上を両立させるものと紹介し、根気よく説明している。日本（人）に対する関心の高さが、いささか敵対的だった当時の空気が伝わってくる。

英国世論の批判的なトーンとは異なり、TUCをはじめ英国労組の中心議題は、もはや日産英国工場や単一労組協定の良し悪しではなくなっていた。日産のような外資の受け入れに後押しされる形で議論が始まった、ロールスロイスとジャガーの民営化（国有株の売却）が争点になっていた。政府が日系企業や日産を「優遇して」多額の財政支援を与える一方で、伝統ある自国企業を外資に投げ売りしようとしていた。この有様を見て、末端の組合員は「英国政府が英国メーカーを差別している」と騒ぎ始めた。[25] 彼らはレンジ・ローバーなど、BL傘下のブランドの存続をかけ、「英国車を守れ（Keep British）」運動に傾倒し、[26] ナショナルな色彩を強めた。このような非難の矛先が日産工場に向かなかったのは、英国日産にとって幸運だった。

このように「イギリス伝統の自動車（産業）を大切にしよう」という声が一部であがる一方で、イギリス人の自国産自動車に対する目は厳しかった。そのクレームは販売会社や製造元のみならず、労組を束ねるTUCにも向けられた。部品の脱落や故障は日常茶飯事で、四回の修理で合計六週間も販売店に預けた車が、未だ完調にならない、というクレームが寄せられた[27]。他の事例では、雨漏りする、外板がすぐ錆びる、ヘッドライトを点灯するとエンジンが止まる、窓が抜け落ちた、引いたドアノブが脱落したなど[28]、コメディの鉄板ネタが勢揃いする悲劇だった。品質が低すぎ、フランス、ドイツ、イタリア、日本車のほうがよほどましである、という厳しい指摘だった。

サンダーランド工場の人材確保

日産英国工場では、現地人材の確保が急ピッチで進められた。一九八四年一〇月にはピーター・ウィッキンスが人事部長に就任し、日本的経営をイギリス工場に根づかせるための陣頭指揮を執った。ウィッキンスは日本式の導入を、「あいつらと俺たち」的な考え方から脱出して「一つの俺たち」に向かう、と表現している[29]。それは簡単なことではなかった。ウィッキンス自身が認めるように、地元従業員は日本人と違い、仕事が人生の中心とは考えていないからだ[30]。根底には、国民性の違いがあった[31]。

ウィッキンスは現地人材の採用にあたり、新工場での身分均一に理解がある人物かどうかを、労働者の技能以上に重視して選考を行った[32]。日本から部品を持ち込んで組立生産を行うフェーズ1のために、英国日産は求人広告を地元紙にのみ掲載した[33]。驚くことに、工長（スーパーバイザー）二二人に対して三五〇〇件、指導員四〇人に一〇〇〇件、一般従業員三〇〇人に一万一五〇〇件もの応募が殺到した[34]。日産に対する期待の大きさと、現地労働者の失業率の高さ（約二〇％）を裏づけるエピソードとなった。

人事担当のウィッキンスは、日産における労働者の新しい働き方を「国際的に通用するもの」と評したが、その中身は「チームワーク、フレキシビリティ、品質意識」であった。[35] それまでのイギリスの工場では、溶接工、塗装工等、労働者が職能毎に異なる労組に属すのみならず、それぞれが別々の賃金体系に属し、待遇が異なっており、労働者間にも「階級差」に近い階層が存在していた。そして一つの労組が単独でストライキ決行を決議すると、それ以外の労組もこぞって同情ストを行って合流し、労働運動としての団結を示し、生産活動を止めていた。イギリスの工場では、社員食堂が「経営陣用」と「一般従業員用」に分かれていた。日産英国工場では、全員が同じ社食を利用した。また単一労組協定のおかげで、工場内の労働者はみな均一待遇となり、ゆえに従業員は多能工になることを求められた。これにより柔軟な配置転換が可能となり、高い労働生産性を実現することができた。それまでは職能ごとに厳しい縦割りで区切られていたため、溶接工が生産ラインの他の箇所も兼任できることなど想像できなかった。日産英国工場は、革命的に新しい職場となったのであり、それは古い工場（および旧来の労使関係）を引き取らずに、まったく新しい工場として一から立ち上げた成果だった。スペイン工場とは対照的だった。その後、自信を深めた現地の人たちは「生産される自動車の品質は日本（工場）と同水準、ときには日本を凌駕して[36]」いると自賛するまでになった。

開所式と、念願の工場フル稼働

一九八六年五月八日、サンダーランド工場の開業を控え、イギリス皇太子夫妻が訪日した。日本では、一九八一年の成婚後、チャールズ皇太子とダイアナ妃の初来日として鮮明に記憶され、「ダイアナ旋風」と騒がれた[37]。二人は訪日中、一二日に日産座間工場を訪れ、見学した。皇太子夫妻はサンダーランド工場で生産されるブルーバード第一号車の鍵を贈呈された。夫妻は英国工場の開所式で使われる予定の達磨に片方の目を入れ、工場開業に対する英国王室の歓迎を表した[38]。それは、英国工場に対するイギリスをあげての支援を約束するものだった。なおブルーバードという車名は、メーテルリンクの童話『青い鳥』から川又克二社長がとり、希望の青い鳥として世界に羽ばたいてくれることを願って命名したものであり、ブルーバードは、日産が一九五〇年代にイギリスのオースチン社と技術提携を行ったことから誕生した車だった。

翌一三日、夫妻はホテル・ニューオータニで開かれた財界五団体主催の歓迎昼食会に出席した。ダイアナ妃は食事中、幹事を務める石原社長と短い会話を交わした[39]。

「あまりおたべにならないとか。」
「食事をしないと言われますが、一生懸命働くからスリムなんです。〔中略〕」
「車は運転するのですか。」

「ドライブは好きです。でも王室のきまりで、英国車ばかりでニッサンは残念ながら乗ったことはありません。」

ダイアナ妃はあちこちで頻繁に拒食症について触れられ、返答に苦慮していた。松下電器の茨木工場を見学した際、ハイビジョン・テレビに映し出された金魚を見て、「とてもきれい」と感激したが、「でもこの金魚は太ってますね」と食事ネタの嫌味を挟んで周囲の笑いを誘い[40]、ささやかな反撃をした。

現地生産第一号車のブルーバード

一九八六年七月、ついにサンダーランド工場はフル稼働に移り、第一号車のブルーバード（現地名オースター）が従業員に見送られてラインオフした。この時点での生産車はフェーズ1に属するため「日本製」と法的に定義されるが、日産はすでに現地部品メーカー二七社と部品調達契約を結んでおり、「イギリス製部品を二〇％使用する」という取り決めを早くも達成していた。日産が英国企業および同国世論に気を使った結果とも言えるが、工場の操業は順調な滑り出しを見せた。同車は「JOB 1」のナンバープレートを付け、現在サンダーランド博物館に展示されている。

新工場の開所式が開かれる直前、一九八五年六月に日産の社長は石原俊から久米豊に交替しており、石原は会長職に退いていた。久米は一九八〇年六月、英国政府との初接触以来、交渉に参加しており、海外経験が豊富だった。石原は腹心の久米社長に日産を任せ、一九八五年四月に経済同友会の代表幹事に就任し(41)、財界活動に精を出した。その後、一九九一年に勲一等旭日大綬章を授与され、日産がルノーの傘下に組み入れられて救済されるまでは世間の評価が高かった(42)。なお、首相の座を退いたサッチャーも、一九九五年五月に勲一等宝冠章を授与されているが、遡ること五年、一九九〇年九月に石原はブリティッシュ・エンパイア勲章を授与された。英国工場の開所式が開かれた一九八六年は、日産北米工場にとっても節目となった。石原が「こだわった」小型トラックの生産に加え、サニー(現地名セントラ)をラインに加えたからだ。他方、国内向けにサニーを供給する座間工場の稼働率は、採算点ギリギリまで落ちた(43)。座間市議会で取り上げられるほどの事態だった(44)。

一九八六年九月八日、晴れて新工場の開所式が開かれた。開所式には、サッチャー首相が出席した。サッチャーは、去る一九八六年五月にイギリス皇太子夫妻が日産座間工場で目を入れた達磨に、もう片方の目を入れた(45)。久米社長とともに筆を入れるサッチャーは、喜びと安堵の表情を浮かべた。溶接ラインの始動ボタンを押した彼女は、自信満々に述べた。

英国日産の従業員は優秀なので品質面で日本の日産を上回るのはまちがいない(46)。

工場稼働を、同年二月に署名されたＥＣのＳＥＡ(単一欧州議定書)にぶつけたのは、彼女の

「執念」であった[47]。国境障壁のない域内市場の完成を目指すＳＥＡの叩き台となった『域内市場白書』も、イギリス人の手でまとめられたものだった。通貨統合について提言した『ドロール報告』に対しては難色を示したサッチャーだったが、一貫してＥＣの自由貿易市場としての側面を強く推したのである。イギリスはＥＣの自由貿易促進、外資受け入れの積極化と、対日摩擦緩和において先頭に立ち、範を示した。サッチャーが党首に就任して九年、政権に就いて七年経っており、日産英国工場誘致交渉は長い道のりだった。山崎敏夫駐英大使は、明治時代以来続く日本と北東イングランドの間の交流史に言及し[48]、祝辞を述べた。続いて日産の久米社長は挨拶の中で「フェーズ２移行の一年前倒し」を発表し、新工場立ち上げの成功を高らかに宣言した。

式典に対して、様々な議論が起きた。ジェンキン元貿易産業相（八三年まで、以降八五年まで環境相）と同様に、サー・コータッツィ元駐日大使（八四年まで）は式典に招待されなかった。誘致交渉において東京の大使館で連絡・調整役を務めたにもかかわらず無視されたことに、彼は少なからぬ愚痴を漏らした[49]。単たる伝書鳩以上の働きをし、幾度か難局を救ったからだ。サー・コータッツィ以上に愚痴を言う者もいた。サッチャー首相の出席（態度）を快く思わない人々が、特に労働党議員にいた。イギリス重工業の失業者が増え続けている中で、日産誘致の手柄をサッチャーが独り占めするように振る舞っていることへの不満が大きかった[50]。現地の労働運動による理解と協力を無視するかのようなサッチャーの振る舞いは、塩路会長をはじめとする労組レベルの交渉と根回しを無視したうえで手柄を自分のものにした石原の姿と似ている。日産の現地調査団を北東イングランドで迎える際、自治体と現地労組に対して貿易産業省から得た情報を回して現地代表を一つにまとめたのは、北東イングランドの労働党議員たちだった。工場誘致の立役者が誰なのか、明らかであった。

日産サンダーランド工場は一九八六年九月に開所式を開いた後、本格生産に移った。工場は一九八七年二月に英国市場でのブルーバードの単一供給元になり、アイルランド向けの輸出を開始した。一九八八年八月にはプレス、エンジンの組立て、樹脂成型工程も稼働し、現地調達率を高め、翌九月には念願の欧州大陸向けの輸出を開始した。一九八九年には累計生産台数一〇万台を突破し、九〇年五月にはブルーバードの後継車種としてプリメーラの生産を開始した。翌年、プリメーラは日本車として初めて英国工場から日本に逆輸入されている。なお、一九九〇年一一月、元財務相ローソン（八九年一〇月に大臣を辞任）と元外相ジェフリー・ハウの離反に遭い、サッチャーは保守党党首再選を諦め、辞職した。これで、交渉の主役たちはすべて表舞台を去ったことになる。

英国工場の輸出本格化と呼応するように、英国日産は一九九一年に初めて一八四〇万ポンドの単年度黒字を計上し、ＳＭＭＴより「英国自動車企業」の認定を勝ち取った。黒字達成は、一九八一年に行われた一回目のフィージビリティ・スタディが見込んだよりも、一年早い達成であった。勢いに乗った英国工場は、翌九二年八月に生産モデルを増やし、マーチ（現地名ミクラ）の生産を開始し、満を持して欧州の激戦区、小型車市場に参戦した。このために二億ポンドを投じて生産ラインが増設され、従業員の増員と工場の自動化率の引き上げが行われた。一九九三年、マーチは日本車として初めて「欧州カー・オブ・ザ・イヤー」を受賞した。

英国工場操業にともなう現地の変化と、さらなる日系企業の進出

英国日産の発足を機に、北東イングランドでは五週間にわたる日本芸術祭が企画され、産業交流のみならず日英文化交流も盛んになった。発案と実行はワシントン・アート・センターが行った。支援・後援に名を連ねたのは、サンダーランド郡議会、タイン・アンド・ウェア州議会、ワシントン開発公社、ノーザン・アーツ、日本大使館、国際交流基金、国際観光振興会、英国笹川財団、ビジティング・アート・オフィス、アート・センター全国連合会、プライス・ウォーターハウス、北東部電力協議会、日産、小松、SPタイヤ（住友ゴム工業が買収したダンロップの工場）であった。(51)

日英交流が多方面で緊密化する一方で、イギリスと他のEC加盟国との対立が先鋭化する場面が増えた。日産英国工場が大陸への輸出をスタートするや否や、フランス政府はこれに対し「英国工場産の日本（日産）車は、「日本製」である」と抗議した。プジョーの関係者はイギリスのことを「欧州の目の前に据えられた日本の航空母艦」と罵り、「日本列島の五つ目の島」と蔑んだ。(52) サッチャー政権と日産が危惧したとおりの反応が出たのである。すでに日本（企業）の「ステーク・ホルダー」となって久しいサッチャーの対応に、迷いはなかった。彼女は政権を挙げてこれに反論し、一蹴した。(53) 英国内での部品現地調達率が高い日産車は、「日本製」ではなく「英国製」である、という一点に尽きるのである。政権の尽力と、英国日産の現地化努力が実を結んだ瞬間だった。日本とのつながりを強化したいサッチャーは、国際社会での日本の発言力を強化するために、G7サミ

ットの三ローテーション制を政権内で検討するまでになった[54]。従来七カ国が順番にサミットのホスト国を務めた慣習に変え、米国、日本、欧州という三つの開催地ローテーションに改める案である[55]。日本の発言力を増し、他のEC加盟国の「過剰代表」を減じる案である。無論、これは実現しなかったが、サッチャーにとって日本の重要度が増したことを端的に示す事例である。

その後もECレベルの交渉を利用し、日系企業の現地生産車を規制しようとする動きが出てきた。一九九一年七月三一日に発表された日・EC自動車合意である。これは、ECからの要請により、EC自動車市場の漸進的かつ完全な自由化、日本からの輸出による市場攪乱の回避と、EC域内の自動車メーカーに必要な調整（競争力向上など）のために（日系メーカーが）協力する、という欧州委員会と日本政府の合意だった。欧州側の交渉担当者はこの合意を「政治的目的を達するため、リジッドな法的枠組みをかいくぐって規制を導入する柔軟な方法」と自賛している[56]。このような評価に対する賛否はともかく、交渉の中で欧州委員会は、非公式な形で日系メーカーのEC現地生産車（英国製日産車など）の販売台数に規制をかける意向を伝え、これを通産省が黙認するよう、強く迫った[57]。背景には、最も強固なフランス（メーカー）の規制要求があり、当初は規制に慎重だったドイツ政府とフォルクスワーゲンまでもが同調した事実があった[58]。欧州委員会はこの要求を、日欧関係の緊密化をうたった日・EC共同宣言（九一年）の署名如何に関わる交渉事項として、日本側に再三譲歩を要求した。しかし海部俊樹総理と通産省、外務省の（再三の）拒否に遭い[59]、EC側が自動車交渉を共同宣言の署名と切り離したうえ、後日要求を撤回したのである[60]。在欧の北米資本はこのような規制を受けないため、明確な対日差別だった。結局、日系メーカーのみを狙い打ちにした差別的措置は、導入されなかった。日系メーカーがECに進出して根をおろし、EC域内の現地法人として操業している事実が大きかったのである。通産省と日系メーカー（自工会会長には日産の久米社長が就任）の規制反対論を、英国政府が全面的に後押しして共同体内の議論に影響を与えたのである。[61]

イギリスにおける労使関係も、日産英国工場の操業に影響されて変化の兆しが見え始めた。日産工場で単一労組協定が成立したことを受け、現地の米国企業も同じような労使合意を得ようと奔走した。成功したのはコカコーラ・シュウェップス社だった。しかし従業員の多い自動車工場は、うまくいかなかった。フォードは一九八八年にスコットランドのダンディーに新工場の建設を計画し、首尾よく現地のAUEWと単一労組協定を結んだ。しかしこれがフォードの他の（古い）英国製造拠点で結ばれた労使協約に反しており、即座にAUEWと他の労組との労組間紛争に発展した。[62] TUCが紛争調停に乗り出している間に、ダンディー工場計画は速やかに撤回され、[63] 計画はスペインへ流出してしまった。悔やんでも悔やみきれない失敗だったが、共産系労組が強いスペイン工場を選んだフォードも、茨の道を歩むことになった。

北米資本が労使関係で苦戦する中、日系企業の対英進出は一層活気づいた。日産英国工場の操業、特に対EC輸出の成功を見て、日系のライバル他社はすぐに追随した。[64] 一九八九年四月、トヨタはダービーシャー州での工場建設を決定した。一二月には英国生産子会社を設立し、一九九〇年六月に工場を起工し、九二年一二月に生産を開始している。ホンダも八九年七月に英国工場の建設を決定し、九二年一〇月に英国での乗用車生産を開始した。貿易産業省とTUCが日産誘致交渉の開始時点で期待したとおり、日産は他の日系メーカーを惹き付ける役割を果たしたのである。なお、日産は一九九二年に上場後初めて経常損失を計上している。

追随したのは自動車業界だけではなかった。一九八九年四月、富士通がダラム州に半導体工場建設を発表した。これは英国日産に次ぐ北東イングランド最大級の投資だった[65]。無論、日産だけが他の日系企業を惹き付けたのではない。一九八五年九月のプラザ合意によって円高になり、日本工場の輸出環境は急速に悪化していた。そのため、日系企業は欧米諸国での現地生産への移行を急いだのである。加えて、一九八〇年代後半に統合を進めるECが「要塞化」する[66]、との懸念が広がり、進出を加速させた。ECにおける最初の進出拠点に、イギリスが選ばれた。相次ぐ日系企業の進出を、現地では「円を背負った蜂」を連れてくる「ハニー・ポット症候群」と呼ぶ者もいた[67]。英国産業を束ねるCBI（英国産業連盟）も、鼻息が荒かった。CBIは傘下の英国企業に対し、

〔日系企業のカンバン方式に〕足並みをそろえてもらうか、廃業してもらうか、道は二つに一つである。〔中略〕われわれは外国の企業と対等に勝負ができなければならない[68]

と檄を飛ばした。英国製造業の生き残りは、日系企業頼みだったといっても過言ではない。

先陣を切って大々的に英国進出を果たした日産は、その後、厳しい選択を迫られることになった。サンダーランド工場は一九九五年一月に累計生産台数一〇〇万台を達成していたが、日本のバブル経済崩壊を受け、国内販売が減少し続けた。塩路会長が繰り返し主張していた「海外工場新設によって国内雇用に被害が生じる可能性がある」という懸念は、バブル経済が終わり、国内景気が下向くにしたがい、徐々に現実となった。バブル景気のおかげで、国内の仕事が少しずつ海外に流出していることに、日本人はほとんど気づかずに過ごすことができた。バブル崩壊後、「失われた一〇年」「失われた二〇年」をくぐり抜け、雇用情勢の深刻さに気づくことになった。

一九九三年二月、日産は座間工場の閉鎖を発表した。従業員二五〇〇人の雇用は、配置転換などで対応することとされた。二年後の一九九五年三月、座間工場は惜しまれながら閉鎖された(69)。同年三月にトヨタが英国工場の拡張を発表したことと、対照的だった。その後一九九七年一二月、トヨタは日系メーカーとして初めてフランスでの現地生産を発表し、現地で熱烈歓迎を受けた。トヨタは英国工場の成功をもとに、着々とEU市場での足場を固めた。フランス工場は二〇〇一年に稼働し、前年の二〇〇〇年にヴィッツ（現地名ヤリス）が「欧州カー・オブ・ザ・イヤー」を受賞した。日系メーカーの相次ぐ進出に呼応するように、一九九九年九月に最後の日・EU自動車輸出枠の協議が行われた。こうして日欧貿易摩擦が続いた時代に、終止符が打たれた。

他方、日産の再建は進まず、日に日に財務状況が悪化していった。こうした事態に直面し、英国進出では日産の尻を叩いた通産省は冷たく、窮地に陥った日産を「会社更生法の申請は時間の問題」と評し、切り捨てた(70)。「自分の城は自分で守れ」というトヨタの哲学は、当たっていた(71)。日産が行き詰まっても、通産省は助けなかった。財政破たんを目前に控えた日産は、ドイツのダイムラー・ベンツに提携を申し込み、支援を要請した。しかしダイムラーの返答は遅れに遅れ、揚句に断ってきた。北米資本クライスラーとの提携に動いたからだ。日産のデフォルト直前、というところで、フランスのルノーが手を挙げた。一九九九年三月二七日、日産はルノーとの資本提携を発表した。ルノーは日産株の三六・八％を取得した。こうして日産は、石原社長が「買収の対象企業であっても、傘下に入るなんて夢想だにしなかった」「格下の小さい会社」と評したルノーに、救済されることになった。(72)

塙義一社長の言葉を借りれば、「ぬるま湯にどっぷりとつかり、〔中略〕どうすればいいのかさえわからなくなった(73)」日産を救ってもらうべく、ルノーから社長を迎えることになった。六月二五日の株主総会において、カルロス・ゴーンのＣＯＯ（最高執行責任者）就任が決定した。一九八〇年代、サッチャー首相に「英国労使関係に革命を起こす」急先鋒として期待された日産だったが、今度は逆に「生ぬるい改革ではなく革命(74)」を社内に起こしてもらうべく、ゴーンを迎えることになったのである。赤字体質が長く染みついた国有企業ルノーを立て直し、「コスト・カッター」の異名をとったゴーンは、着任早々に「日産リバイバルプラン」を発表し、日産の立て直しに取り組んだ。彼はルノーの改革と同じ徹底的な合理化を進めた。賛否はあるが(75)、日産の業績はまもなく「Ｖ字回復」した。現在、日産はルノー・グループ全体の業績を引っ張る立場にある。日産の意思決定やグローバル戦略は現在、成功例として肯定的に紹介されている(76)。日産とルノーの関係も、提携と解消が短期に繰り返される自動車業界の中では「比較的長く続く珍しい事例」となった。イギリスのサンダーランド工場も、欧州向けのリーフ（販売は二〇一一年三月から、英国工場での生産は一三年六月から）をはじめ、日本でも人気のノート、ジューク、デュアリス（現地名キャシュカイ）を生産し、貢献している。二〇一一年、リーフはマーチに続き、日産にとって二台目の「欧州カー・オブ・ザ・イヤー」を受賞した。史上初めて、電気自動車が受賞した栄誉である。

終章

自動運転装置も備えた100%電気自動車のリーフ

日産の英国進出（現地工場の新設と、英国工場からの対EC輸出）をはじめ、一九八〇年代の海外拡大戦略を失敗と評する意見は多い。我々がすでに知っているとおり、「不沈艦」とうたわれた日産は、バブル崩壊とともに経営状態が悪化し、「格下」のルノーに買収されるまでになった。一企業の経営判断として見ると、当時の拡大戦略には無理があったのだろう。石原の戦略は、日産社長としての決断というよりも、貿易摩擦の激化を懸念する自工会会長としての判断であったと理解できる。それ以上に、日産の英国進出がサッチャー政権による対日戦略の見直しを促し、イギリスの対EC経済外交に変化をもたらした事実は見逃せない。

日産英国工場誘致交渉は、イギリスにとり、対EC貿易収支を改善する経済外交だったと同時に、対日貿易摩擦を緩和する経済外交だった。英国工場からの高い輸出実績を期待できる最新鋭の日産工場を誘致できると同時に、日本工場からの輸入を減らせる一石二鳥だった。日系企業の経営・生産管理手法を吸収でき、英国製造業に抜本的な梃入れをできることも考えれば、誘致はイギリスにとって一石三鳥だった。それは他のEC加盟国を出し抜く、抜け駆けに近い大胆な選択だったと同時に、経済・産業の論理に則った正攻法だった。外敵を味方に引き入れ、イギリスの強みにしてしまう、極めてイギリスらしい決断でもあり、衰退をマネージする交渉過程としても興味深い。対する日本（企業）にとり、誘致交渉は、日本の大幅黒字に起因した日欧貿易摩擦を緩和する切り札の一つだった。投資額の大きさと、世間の高い注目度からもわかるとおり、日産は摩擦解消のための経済「外交」を、内外様々な圧力を受けながら、先頭に立って自らの意思で選択し、全うした。成果は大きかったが、犠牲も大きかった。

誘致交渉に臨んだ英国政府の交渉態度には、興味深い点がいくつか散見される。サッチャー首相をはじめ、貿易産業省が担当したのは現地調達率（生産される車を構成するすべての部品のうち、日産工場が英国内で供給を受ける部品の割合。別名、国産率）と工場建設に対して支払う補助金だった。これらの交渉事項については、サッチャー個人の活躍が際立った。現地調達率八〇％という数値を終始一貫して日産に求めたこと、そして最後までこじれた補助金（地域開発支援と選択的資金援助）の提供は、ともにサッチャー自らの陣頭指揮で交渉が準備され、妥結に至った。サッチャーのような強引なリーダーシップは敵を多く作るが、日産との交渉においては、政府内の意見を一つに集約するうえで不可欠の役割を果たした。

　要所で活躍したサッチャーだが、交渉全体の中で大切な役割を果たしたのが、英国政府による知識の蓄積と情報管理だった。翻って、日本の情報管理はどうだろうか。二〇一一年三月以来、福島第一原発の惨状を受け、船橋洋一は日本の情報管理の特徴を「必要な情報が（省庁間を）回らず、共有されず、しかし外には漏れやすい」と分析している[1]。対照的に、日産を誘致する英国政府は、必要な機密情報をきちんと省間で回覧しつつ、情報が外にほとんど漏れなかった。リークは世論の沸騰を招き、誘致失敗と政権転覆に直結する危険があった。そのためか、四年間の交渉をとおして、秘密が厳守された。情報はむしろ、日本側で漏れることが多かった。また日産との実務的な交渉を進める貿易産業省に対し、外務英連邦省および在京大使館が（時には規則違反を犯してでも）迅速・適切に情報を獲得し、回覧することで、幾度か難局を救った。日本（企業）の交渉態度・心理について適切な知識を蓄積し、これをもとに必要な時に的確に助言をした意義は大きかった。

サッチャー政権の中で、彼女の側近や省庁のスタッフが交渉の中で見せた「サッチャーとの距離感」も注目に値する。サッチャー首相と石原社長は、労組に対する敵対的な姿勢において、考え方も態度も近かった。対して政権内および省庁の交渉担当者は、サッチャーのような党派色を表に出さず、交渉についての情報を英国労組に適宜流し、地元労組が日産を歓迎できるよう日産側の要求を逐一伝え、労組間の紛争を起こさないよう根回しをした。当初は英国世論と同様に日系企業の進出に敵対的に反応していたTUC傘下の労組も、次第に日産の進出を好意的に受け入れ、日産側が要求する単一労組協定を容認するようになった。サッチャーと石原の労組（敵対）観に交渉を阻害させなかったことが、交渉妥結と工場立地の決定の大きな鍵だった。

対する日産の交渉態度も、様々な批判があった一方で、成功した面も少なくない。負の側面として、早い段階からプロジェクトを公にしたことが挙げられる。これは明白な失敗だった。事業撤退を自らの手で不可能にしてしまい、交渉における重要な切り札を自らの手で封じてしまったからだ。進出決定が遅れるたびに英国政府の態度を硬化させ、逆に進出に一歩踏み出せば英国世論とライバル他社から叩かれる、八方塞がりに陥った。G7サミットを使った露骨な政治圧力を招き、工場計画を葬る危険をもたらした。他方で、日産が交渉の中で英国政府から小さくない財政的なコミットメントを引き出したことは、成功だった。日産は交渉が行き詰まるたびに事業計画の大幅な縮小をちらつかせ、揺さぶりをかけ、貿易産業省を怒らせつつも、地域開発支援の増額と選択的資金援助の獲得に漕ぎ着けた。英国政府は当初、後者を日産に対してまったく与えない交渉ポジションを採用していた。サッチャーが財政支出の削減を進めている中で大きな支援を約束させたことは、成果だった。もし英国政府の財政的なコミットメントが小さかったならば、英国日産の単年度黒字の達成は、さらに遅れていただろう。他方、日産に多額の援助を与えたサッチャーは、方々から矛盾を攻撃され、閣内に深刻な亀裂を作ってしまった。

交渉過程を、より大きな時代の流れの中で分析したい。イギリスの対EC経済外交として見た場合、日産誘致交渉の成功はどのような意義を持ったのか。日産を誘致する交渉は終始一貫して、他のEC加盟国に対する輸出優位を確保するため、イギリスの国益を追求した「外交」であった。EC域内市場はおろか、英国市場でもドイツ、フランス、イタリアのメーカーに対してシェアを落とし続けた英国産業界は、日産の進出によってライバルたちに一矢報いることができた。イギリスの採った抜け駆けに近い大胆不敵な戦略転換が、EC加盟国の対日姿勢、特に日本からの直接投資の受け入れ積極化（日系企業によるEC域内生産拠点の開設促進）へ向かわせることとなった。日産が先陣を切って大々的に進出した影響は大きかった。加盟以来、防戦一方だったイギリスの対EC外交は、初めて先導的な役割を果たすこととなった。イギリスの選択が、共同体の共通政策の方向性を確認し、それを加速させる役割を果たしたのである。その結果が『域内市場白書』とSEAであり、自由貿易圏としてのEC・EUだった。誘致をめぐるサッチャー外交は、EC共通政策の先導役を務めるという意味において、最も輝いた時期だった。しかしその限界は、先導役が彼女のような「統合懐疑派」に主導されたことだった。統合が次のステージに移り、通貨統合など、より国家主権を制限する方向に進むと、イギリスの対EC外交は再びオプト・アウトを前面に出て、消極対応に戻った。

サッチャーの外交方針が、一〇年以上前に対英進出を果たしていた米仏メーカーではなく、日系企業との二人三脚に支えられたことは興味深い。皮肉にも、イギリスへの誘致成功はその後、日系企業の欧州大陸諸国への進出に道を開き、英国工場のライバルをEC・EU内に増やすことにつながった。イギリスは未だに単一通貨ユーロを採用していないため、大陸諸国への輸出拠点として不利な面がある。仮に現キャメロン政権がEU脱退へ動いたとしたら、イギリスは、一九七三年一月にヒース政権下でEC加盟を果たす以前の状態に逆戻りすることになる。加盟国だからこそ日系企業はEC・EU進出拠点をイギリスに設けたのであり、脱退はイギリスから他の加盟国への拠点流出につながりかねない。イギリスとEUの間の微妙で難しい距離感は、今後どのように推移するのだろうか。興味は尽きない。

日産の進出は、イギリスの国内改革に対してどのような影響を与えたのか。日産工場の誘致は、英国の自動車部品産業の生き残りを賭けた国策交渉であった一方、不振にあえぐBL傘下の各ブランドに、売却も選択肢に含めて見切りをつける決断でもあった。部品産業がグローバルな競争力を維持できれば、完成車の生産ラインは必ずイギリスに残留する。英国世論の反応は微妙だったが、完成車メーカーが英国資本ではなく、（日系）外資でもかまわない、というサッチャーの決断だった。[2] サッチャーが金融ビッグバン（規制緩和）を大胆に行った陰に隠れがちであるが、日系企業の誘致は製造業版のビッグバンと呼べるほど大きな決断であり、英国労使関係に「革命」を起こした。サッチャーは、政権基盤を固める過程にあった一期目の当初からドライな改革路線に向かっていたのである。二期目以降と大きく異なる点は、労働運動の反発に対して慎重に配慮を重ねたことだ。[3]日産の進出（と、それによるＢＬ経営破綻の危険）に対して労組が強く反発した場合、日産が進出計画を撤回する可能性があったからだ。

日産英国工場が導入した単一労組協定などの日本的な労使関係は、日産工場の生産性を日本工場のレベルに近づけるうえで不可欠だった。しかし、日系企業の進出と日本的労使関係の導入は、イギリスの労使関係や労働運動にどれくらい影響を与えたのか。イギリスに進出した他の日系企業も単一労組協定を導入したが、同様の協定締結を望む北米資本の英国工場では、ほとんど実現しなかった。協定を勝ち取った労組とそれ以外の労組の間で労組間紛争に発展したからだ。最悪のケースでは、英国工場（計画）が他のＥＣ加盟国に流出する事態を招いた。日産の新工場操業と単一労組協定の締結は、サッチャリズムをイギリス世論に広く知らしめる役割を果たしたが、日本的な働き方や労働運動のあり方に対し、英国世論は懐疑の目を向け続けた。貿易摩擦によって染みついた日本の（悪い）イメージは、容易に払拭できなかった。

サッチャーの国内改革は、政府の役割と財政支出の金額を可能な限り縮小し、「小さな政府」を目指していた。日産工場の誘致も、これを実現する目玉の一つだった。企業を国有化して再建するのではなく、競争力のある民間企業を誘致し、政府支出を減らす算段だった。サッチャーは政府の運営に民間企業の経営思想を取り込んで効率化をはかるべき、と考えており、政府自らが基幹産業を所有することを非効率と見ていた。そのため、世界屈指の輸出競争力を持つ日系企業の誘致が必須だった。生産・経営ノウハウの吸収だけではなく、ＢＬの救済に充てていた政府支出を削減することができるからだ。英国政府は日産の「過大な」支援要求を巧みにかわしつつ、最後の場面で交渉を妥結させるために補助金を積み増し、合意獲得に成功した。一見成功例のように見えるが、そもそもサッチャーが小さな政府を目指し、ＢＬへの支援に見切りをつける決断とは、大きく矛盾する選択だった。政権内では、英国労組の一部はこれを指し、「英国政府が英国自動車産業を差別している」と非難した。政権内では、財務相ローソンとサッチャーの間に確執を生むことになった。それだけではない。小さな政府を目指し、政府支出削減と規制緩和を進めるほど、むしろ政府支出が増加する本末転倒に陥った。新工場建設のため、地域支援政策の予算残高を脅かすほどの多額の補助金を日産のために用意する羽目になったのである。支援額を年度ごとに細かく分けて支出負担を小さくする、苦肉の策が採られた。新自由主義の旗手として先頭を走るサッチャー自らがこのようなジレンマに陥ったことは、皮肉だった。無論、自動車貿易の七割が何らかの管理貿易的な縛りを受けている、(4)とも言われており、何をもって「自由貿易」「自由競争」と定義できるのか、という問いも関わってくる。「自由貿易こそがイギリス経済の強み」と信じてやまないサッチャーが、日系メーカーという外資に頼って初めてその「強み」を発揮でき、しかもその事業も英国政府の補助金頼みだった事実は、われわれにどのような教訓を残したのだろうか。そもそもサッチャーは、どれくらい自由貿易を拡大できたのか。

日本（企業）にとり、貿易摩擦の緩和に向けた外交交渉には、どのような意義があったのか。日産をはじめ日系企業の進出を受け入れたイギリスは、摩擦緩和を悲願とする日本（企業）を率先して助けたのである。しかしそれは、イギリスの国益に合致する範囲内での助け船だった。サッチャー政権は日産工場を歓迎する一方、日英自動車輸出自主規制（日系メーカーの輸出台数の自制）は堅持し、イギリスからの対日輸出増加にこだわり続けた。日本にとり、欧州諸国は米国と異なる意味で「厄介な交渉相手」だった。欧州勢は米国のような一方的な措置を控える一方で[5]、複数の交渉窓口を使い分けながら、日本側の要求を巧みにかわし続け、保護主義的な貿易措置を堅持し続けた。域外国との通商交渉を行うECの欧州委員会が交渉を担当する場合と、従来の二国間通商協定（の撤廃）を交渉する各EC加盟国政府の間を、日本政府の交渉担当者がたらい回しにされたり、あるいは同時に複数の圧力をかけられたり、という状態が続いていた。

これに比べ、日産の交渉は、多国籍企業が交渉当事者であることゆえの「わかりやすさ」と、交渉上の脆弱さと、摩擦緩和の効果の大きさが、複雑に同居していた。日産交渉の場合、交渉相手は英国内（政府、自治体、労組）に限られ、交渉相手とアジェンダが明確であり、前記の複雑な交渉過程を回避できた。他のEC加盟国が入れる横槍を、日産に代わって英国政府が毅然としてはね除けた。ただし民間企業ゆえ、交渉の中で（ユーロクラットを含む）政府要人や省庁の政治圧力を直接受けた場合、これをはね除ける強さは日産になく、脆弱だった[6]。数少ない交渉材料は、事業計画の縮小提案か、他のEC加盟国への計画流出だったが、これらは頻繁に切れない交渉カードである。脆弱ゆえ、G7サミットを使った進出圧力や、川又会長に対するサッチャー首相の直談判を招いた。川又会長が指摘したとおり、これでは撤退が事実上不可能になり、民間企業としての健全な経営判断はできない。日本の自動車産業は結果として、日系メーカー最大のトヨタを温存し、「二番手に過ぎない」日産の首を、EC側に差し出したのである。進出の副作用は大きく、日産の経営は悪化し、日本国内工場の業績も雇用も縮小した。それでもなお、日産の英国進出が日欧摩擦を緩和に向かわせる大きなきっかけになったことは、事実である。現在に至るまで包括的な日・EU自由貿易協定は締結されていないが、貿易摩擦は去り[7]、一つの時代が終わったのである。

おわりに

いつから「学者になりたい」と明確に意識するようになったのだろうか。いま振り返っても思い出すことができない。慶應義塾大学大学院法学研究科の修士課程に入学し、田中俊郎先生のゼミに所属した時点で、日系企業で働く自分の姿を想像できず、明確な将来像を持てずにいた。ヨーロッパに興味を持ち、特に福祉国家の制度や歴史的な起源に関心があった。しかし学者になる明確なビジョンはなく、いわゆる「図書館でのお勉強」には身が入らなかった。都内で病院内の業務や福祉関係のヘルパーのアルバイトを細々と続けつつ、将来は福祉分野のライターになろうか、などと考えていた。高い学費を払い続けてくれた両親に申し訳なく、典型的な高学歴プアであるが、悪い仕事ではないと思っていた。あるいは学部時代、印刷屋で原稿回収と刷り上がりの配達担当のライダーだったので、仕事はバイク便がよかったのかもしれない。大変な仕事であり、文字通り「骨が折れる」が、オートバイに乗っている時間、いじっている時間は、今も最高の幸福である。世界最高峰のオートバイを量産する日本であり、そのようなモノ作りができる国民性や現場力に興味はあるが、就職先として考えたことはなく、自分の夢やビジョンを描けないまま悶々としていた。

転機は、二〇〇一年に訪れた。経済史家であり、イギリス政府の official historian だった Alan Milward 先生（故人）が来日し、彼の持論である「戦後国民国家の欧州的救済」について三田で講演をした。講演の内容自体に新鮮味はなく、田中ゼミの演習で読んだ内容と変わらなかった。しかし講演の後、彼と交わした短い会話をとおして「この人なら自分の問題意識をわかってくれるかもしれない」と感じ、留学する意を固めた。ほどなく「欧州大学院（European University Institute）に留学しないか」という話になり、二〇〇二年九月に彼のゼミに合流した。その後二〇〇七年一二月に最終試問を受けるまで欧州大学院の歴史文明学科博士課程において研究した内容は、西ドイツの労働運動とシューマン・プラン、ＥＣＳＣ（欧州石炭鉄鋼共同体）であった。現在取り組んでいる研究テーマから大きくかけ離れているように見えるが、貿易摩擦というテーマは、留学中に労働運動研究のために史料収集をしている中で発掘したものであり、ミルワード先生や彼の後任のPascaline Winand先生（現、モナシュ大学）との会話の中で育ったものである。貿易摩擦の交渉史も、労組研究としての側面を引き継いでいるのである。

ミルワードの後任として欧州大学院に着任し、修了まで指導教授となっていただいたウィナン先生には、多くの助言と、励ましと、財政支援をいただいた。年齢が大きく離れていないこともあり、私にとっては今も姉貴のような存在である。彼女の米国留学時代の苦労話を聞き、「自分の苦労や悩みなど大したことない」と反省することが多かった。多くの学恩に深く感謝している。毎月の食費を一〇〇ユーロに抑え、バス定期券代の三〇ユーロを節約するために、毎回一時間かけて丘の中腹の欧州大学院まで歩いて通った日々（帰路は下り坂なので五〇分）は、辛かったが、充実した日々だった。ロンドンのＬＳＥから交換プログラムで一カ月来訪した山本健氏をはじめ、同期だった面々は今も貴重な人脈である。常にイタリア的でアットホームな環境を提供してくださった欧州大学院のスタッフの方々にも謝意を表したい。

留学中の二〇〇六年九月から二〇〇七年二月まで、DAAD（ドイツ学術交流会）より若手研究者短期奨学金をいただき、デュイスブルク・エッセン大学のWilfried Loth先生のゼミに留学できたことも、博論の執筆完了と生活水準の向上をもたらす貴重な機会だった。ボロボロのドイツ語による研究発表に対し、ドイツ人一流の几帳面さと丁寧さで詳細なコメントを寄せてくださったロートとClaudia Hiepel先生（同大学）に感謝している。後日、ロート先生がウィナン先生に「He was brave」と評し、彼女が意味を取り違えて「I'm proud of you」と喜んでいたことに、胸を痛めた。留学中の様々な手続きに時間を割いてくださったエッセン・キャンパスのIra Terwyen氏とDAAD東京事務局の関映子氏に感謝している。

もう一つ、二〇〇六年九月に「ヨーロッパ統合史の歴史的再検討」プロジェクト（日本学術振興会、基盤研究B）が欧州大学院を訪れたことも、忘れられない思い出である。スーツを着た鈴木一人先生（当時筑波大学）と、孫悟空の髪型に短パン・サンダル姿の遠藤乾先生（北海道大学）との初対面は、衝撃だった。ヨーロッパ研究を日本で行う意味を改めて気づかされる貴重な機会であったことも、書き加えなければならない。同時に、フィレンツェで生活することを初めて「楽しい」と思えた瞬間でもあった。その後、研究成果を日本（語）で発表する際、両氏とともに、川嶋周一先生（明治大学）と上原良子先生（フェリス女学院大学）にも多々助言をいただいた。

二〇〇七年一二月にフィレンツェでの最終試問を終えて帰国した際、思うところあり、成田空港から三田キャンパスの図書館に向かったが、駐車場に見慣れた車が停まっていた。帰国の挨拶のために細谷雄一先生の研究室を訪れたが、猪口孝先生と新潟県立大学とのご縁はこの時からはじまった。両氏に深く感謝している。二〇〇九年四月、国際地域学部同学科に講師として迎えられた。新潟は帰省先であるが、まさか就職先になるとは思ってもいなかった。三五歳にしてようやく正社員デビューを果たした瞬間だった。「国際関係史」「Principle of International Politics」や「欧州統合論」をはじめ、自分の専門分野について授業ができることは幸せであり、同僚の教職員には頭があがらない。「卒業研究」に在籍し鈴木ゼミから巣立った学生諸氏からも多くの刺激を受けた。「新潟のよしみ」で廣田功先生（帝京大学）にも多くの助言をいただいた。

最後に勝手ながら、私的な感謝の気持ちを書くことをお赦しいただきたい。愚息を信頼し、自由にさせてくれた両親に、感謝しきれないくらい感謝している。早産の危険から母を苦しめた私であるが、その後の人生の歩みは遅々とした要領の悪いものだった。留学中の二〇〇六年三月、別件で早朝のローマ・フィウミチーノ空港に着いたところへ、携帯電話に母の訃報が届いた。言葉を失い、知らせが急すぎて驚き、涙が出なかった。急遽成田便に乗り換え、久々の新潟に降り立ち、納棺に間に合った。後悔の念と、申し訳ないという思いで一杯になった。享年六四歳だった。母の友人が回顧したように、学生時代に短距離走者だった母は、ペース配分も何もないまま全力で駆け抜け、止められる間を与えずに去って行った。不思議なご縁で、私の中学生時代、毎朝七時発の電車に間に合うよう駅まで送ってくれた母が運転する車は、日産パルサーだった。当時パルサーは中村雅俊氏がＣＭに出演し、「チャオ、イタリアの鮮やかパルサー」がキャッチフレーズだったと記憶している。父の安全運転の、半分の所要時間で駅に着くのが恒例だったが、父がこの事実を知ったのはお通夜の時だった。母は専業主婦業の傍らで法政大学の通信制に通い、遅れて「大卒」の学歴を得た。倹約家で苦労を厭わない、自分にも他人にも厳しい人だった。そんな母は、何事にも遅すぎた私の拙い歩みを、どんな思いで見ていたのだろうか。遅きに失したこの本を捧げ、赦しを乞いたい。温かく辛抱強く見守ってくれて、本当にありがとう。また、逢う日まで。

晴れた佐島マリーナにて　二〇一五年八月二七日

著者

ワー 1958-1978 年」遠藤乾・板橋拓己編『複数のヨーロッパ――欧州統合史のフロンティア』北海道大学出版会、2011 年
鈴木均「初の「欧州アクター」だったのか？ ――ドイツ労働総同盟（DGB）の欧州統合理念」田中俊郎、庄司克宏編『EU と市民』慶應義塾大学出版会、2005 年
高岸春嘉『日産の光と影――座間工場よ永遠なれ』アルファポリス、2003 年
高橋泰隆、芦澤成光『EU 自動車メーカーの戦略』学文社、2009 年
田中素香、長部重康、久保広正、岩田健治『現代ヨーロッパ経済　第三版』有斐閣、2011 年
田中俊郎『EU の政治』岩波書店、1998 年
田中友義、河野誠之、長友貴樹『ゼミナール 欧州統合』有斐閣、1994 年
都丸潤子「序論　戦後イギリス外交の多元重層化」『国際政治』第 173 号、2013 年 6 月
中西輝政、田中俊郎、中井康朗、金子譲『なぜヨーロッパと手を結ぶのか』三田出版会、1996 年
成廣孝「イギリス」網谷龍介、伊藤武、成廣孝編『ヨーロッパのデモクラシー』ナカニシヤ出版、2009 年
野中郁次郎、徳岡晃一郎『世界の知で創る――日産のグローバル共創戦略』東洋経済新報社、2009 年
波多野勝『明仁皇太子――エリザベス女王戴冠式列席伝』草思社、2012 年
馬場亮四郎『日産の海外進出苦労物語』エール出版社、1989 年
船橋洋一『原発敗戦――危機のリーダーシップとは』文藝春秋、2014 年
細谷雄一編『イギリスとヨーロッパ――孤立と統合の二百年』勁草書房、2009 年
力久昌幸『イギリスの選択――欧州統合と政党政治』木鐸社、1996 年
渡邊頼純『GATT・WTO 体制と日本』北樹出版、2011 年

nuel Mourlon-Druol, Federico Romero (eds.), *International Summitry and Global Governance: The rise of the G7 and the European Council, 1974-1991*, Routledge, 2014
Wapshott, Nicholas, *Ronald Reagan and Margaret Thatcher: A Political Marriage*, Sentinel Trade, 2008［ニコラス・ワプショット（久保恵美子訳）『レーガンとサッチャー――新自由主義のリーダーシップ』新潮社、2014年］

安西巧『経団連――落日の財界総本山』新潮社、2014年
石川謙次郎『ヨーロッパ連合への道』日本放送出版協会、1994年
石川謙次郎『EC統合と日本――もうひとつの経済摩擦』清文社、1991年
稲上毅『現代英国労働事情――サッチャーイズム・雇用・労使関係』東京大学出版会、1990年
上杉治郎『日産自動車の失敗と再生――日本人ではなぜ再建できなかったのか』KKベストセラーズ、2001年
内田勝敏編『イギリス経済――サッチャー革命の軌跡』世界思想社、1989年
宇都宮深志『サッチャー改革の理念と実践』三嶺書房、1990年
漆原次郎『日産驚異の会議――改革の十年が生み落としたノウハウ』東洋経済新報社、2012年
遠藤乾編『ヨーロッパ統合史』名古屋大学出版会、2008年
小川晃一『サッチャー主義』木鐸社、2005年
小川浩之『イギリス帝国からヨーロッパ統合へ』名古屋大学出版会、2008年
小川浩之『英連邦――王冠への忠誠と自由な連合』中央公論新社、2012年
大平和之「日本＝EU通商・経済関係――摩擦から対話・協力そして未来志向の協力へ」植田隆子編『EUスタディーズI――対外関係』勁草書房、2007年
小尾美千代『日米自動車摩擦の国際政治経済学――貿易政策のアイディアと経済のグローバル化』国際書院、2009年
川北稔、木畑洋一編『イギリスの歴史』有斐閣、2000年
君塚直隆「エリザベス二世と戦後イギリス外交」『国際政治』第173号、2013年6月
君塚直隆『女王陛下の外交戦略――エリザベス二世と「三つのサークル」』講談社、2008年
君塚直隆『女王陛下のブルーリボン――ガーター勲章とイギリス外交』NTT出版、2004年
佐々木雄太、木畑洋一編『イギリス外交史』有斐閣、2005年
佐藤正明『日産　その栄光と屈辱――消された歴史　消せない過去』文藝春秋、2012年
佐藤正明『自動車――合従連衡の世界』文藝春秋、2000年
下川浩一『グローバル自動車産業経営史』有斐閣、2004年
鈴木均「日欧貿易摩擦とイギリス――自由貿易路線への回帰をもたらした日系企業誘致交渉1973年-86年」『国際政治　戦後イギリス外交の多元重層化』第173号、2013年6月
鈴木均「日欧貿易摩擦の交渉史――アクターとしての労働組合・EC委員会・域外パ

Lawrence and Wishart, 1994
Campbell, John, *The Iron Lady: Margret Thatcher, from Grocer's Daughter to Prime Minister,* Penguin Books, 2011
Conte-Helm, Marie, *Japan and the North East of England; From 1862 to the Present Day,* Athlone Press, 1989［マリー・コンティヘルム（岩瀬孝雄訳）『イギリスと日本——東郷提督から日産までの日英交流』サイマル出版会、1989年］
Crump, John, *Nikkeiren and Japanese Capitalism,* Routledge, 2003［ジョン・クランプ（渡辺雅男、洪哉信訳）『日経連——もうひとつの戦後史』桜井書店、2006年］
Dore, Ronald, *British Factory, Japanese Factory; The Origins of National Diversity in Industrial Relations,* University of California Press, 1973［ロナルド・ドーア（山之内靖、永易浩一訳）『イギリスの工場・日本の工場——労使関係の比較社会学』筑摩書房、1987年］
English, Richard, Micheal Kenny (eds.), *Rethinking British Decline,* Palgrave Macmillan, 2000［リチャード・イングリッシュ、マイケル・ケニー編（川北稔訳）『経済衰退の歴史学』ミネルヴァ書房、2008年］
Garrahan, Philip, Paul Stewart, *The Nissan Enigma: Flexibility at Work in a Local Economy,* Mansell Publishing, 1992
Hook, Glenn, Julie Gilson, Christopher Hughes, Hugo Dobson, *Japan's International Relations: Politics, Economics and Security,* 3rd ed., Routledge, 2012
Keck, Jörn, Dimitri Vanoverbeke, Franz Waldenberger (eds.), *EU-Japan Relations, 1970-2012,* Routledge, 2013
Kendall, Christopher, "The Elements of Consensus: liberalising EU-Japan passenger car trade in the 1990s," in Jörn Keck, Dimitri Vanoverbeke, Franz Waldenberger (eds.), *EU-Japan Relations, 1970-2012,* Routledge, 2013
Mason, Mark, "Elements of Consensus: Europe's Response to the Japanese Automotive Challenge," *Journal of Common Market Studies,* Vol.32, No.4, December 1994
Owen, Geoffrey, *From Empire to Europe; The Decline and Revival of British Industry Since the Second World War,* Harper Collins, 1999［ジェフリー・オーウェン（和田一夫監訳）『帝国からヨーロッパへ——戦後イギリス産業の没落と再生』名古屋大学出版会、2004年］
Pardi, Tommasso, "Why Japanese carmakers have been struggling in Europe? Insights from the Nissan's FDI negotiations," paper presented at the 22nd International Colloquium of Gerpisa, *Old and New Spaces of the Automobile Industry,* Kyoto University, 6 June 2014
Suzuki, Hitoshi, "Negotiating the Japan-EC Trade Conflict: The Role and Presence of the European Commission, the Council of Ministers, and Business Groups in Europe and Japan, 1970-1982," in Claudia Hiepel (ed.), *Europe in a Globalising World: Global Challenges and European Responses in the "long" 1970s,* Nomos, 2014
Suzuki, Hitoshi, "The Rise of Summitry and EEC-Japan Trade Relations," in Emma-

参考文献

一次史料

The National Archives（Kew）
Archives of the Council of the European Union（Brussels）
Modern Records Centre（Coventry）
法政大学大原社会問題研究所（東京）
自動車図書館（東京）
通産省、JETRO 関係者へのインタビュー

二次史料、関係者の証言等

Thatcher, Margret, *The Downing Street Years,* Harper Collins, 1993［マーガレット・サッチャー（石塚雅彦訳）『サッチャー回顧録――ダウニング街の日々（上）（下）』日本経済新聞社、1993 年］
Cortazzi, Hugh, *Japan and Back and Places Elsewhere: A Memoir,* Global Oriental, 1998［ヒュー・コータッツィ（松村耕輔訳）『日英の間で――ヒュー・コータッツィ回顧録』日本経済新聞社、1998 年］
Wickens, Peter, *The Road to Nissan: Flexibility, Quality, Teamwork,* Macmillan Press, 1987［ピーター・ウィッキンス（佐久間賢監訳）『英国日産の挑戦――「カイゼン」への道のり』東洋経済新報社、1989 年］
JETRO『対欧企業進出をめぐる諸問題』日本貿易振興会、1985 年
JETRO『EC 経済記者団が見た新ニッポン事情』朝日ソノラマ、1978 年
石原俊『私と日産自動車』日本経済新聞社、2002 年
川又克二追悼録編纂委員会『川又克二――自動車とともに』日産自動車、1988 年
塩路一郎『日産自動車の盛衰――自動車労連会長の証言』緑風出版、2012 年
通商産業省産業構造審議会編『80 年代の通産ビジョン』通商産業調査会、1980 年
内閣官房内閣審議室分室・内閣総理大臣補佐官室編『対外経済政策の基本――大平総理大臣の政策研究会報告書　6』大蔵省印刷局、1980 年
『日産自動車グループの実態　2014 年版』IRC、2013 年
日産自動車創立 50 周年記念事業実行委員会社史編纂部会『日産自動車社史　1974-1983 年』日産自動車、1985 年
日産自動車株式会社調査部『21 世紀への道――日産自動車 50 年史』日産自動車、1983 年
日産自動車株式会社社史編纂委員会『日産自動車社史　1964-1973』日産自動車、1975 年
畠山襄『通商交渉――国益を巡るドラマ』日本経済新聞社、1996 年

文献等

Beale, Dave, *Driven by Nissan?: A Ciritcal Guide to New Management Techniques,*

(71) 上杉治郎『日産自動車の失敗と再生』157 頁。
(72) 佐藤正明『日産　その栄光と屈辱』20 頁。上杉治郎『日産自動車の失敗と再生』132 頁。佐藤正明『自動車』177 頁。
(73) 上杉治郎『日産自動車の失敗と再生』4 頁。
(74) 同書 5 頁。
(75) 塩路一郎『日産自動車の盛衰』10-15 頁。
(76) 漆原次郎『日産驚異の会議』、野中郁次郎、徳岡晃一郎『世界の知で創る』。

終章

（1） 船橋洋一『原発敗戦』269 頁。
（2） Bullock to Mountfield, 22 Sep 1980, FV22/133, TNA.
（3） 政権一期目は、フォークランド紛争等の危機脱出期にあり、改革についてはコンセンサス派（ウェット）を徐々に閣内から締め出し、政権基盤を固める期間であったとされている。成廣孝「イギリス」151-152 頁。本書で注目した日産誘致のケースでは、少なくても政権一期目は、労組に対する敵対的な扱いが少ないことが特徴的だった。対照的に、フォークランド紛争を乗り切り、選挙に勝った後の二期目は、容赦がなかった。
（4）『第十一回定期大会議案書』1982 年 9 月 2 日 -4 日、3434-7641, OISRH.
（5） 小尾美千代『日米自動車摩擦の国際政治経済学』14-18 頁。
（6） 脆弱ではない事例もあった。日産が米国工場を開設した後のことだが、米国政府が他の NAFTA 諸国（メキシコ）産の日産車を「外国製」と見なそうとした際、日産は北米工場の閉鎖をちらつかせ、「米国産」と同等と定義するよう圧力をかけた。Hook, et. al., *Japan's International Relations*, p.122.
（7） 摩擦の最中に外交に携わった木村崇之元大使は、「貿易摩擦は、解決しなかった。外交的な決着のないまま、消滅した」と証言している。Suzuki, "The Rise of Summitry and EEC-Japan Trade Relations," p.152.

いる。塚本弘『英国経済再活性化への挑戦』1987年2月作成。
(47) コータッツィ『日英の間で』231頁。
(48) コンティヘルム『イギリスと日本』180頁。
(49) コータッツィ『日英の間で』232頁。
(50) ジェンキン卿「魅力的で詳細な関係史」(コンティヘルム『イギリスと日本』) 10-11頁。
(51) コンティヘルム『イギリスと日本』215頁。
(52) Beale, *Driven by Nissan,* p.33.
(53) ウィッキンス『英国日産の挑戦』ii頁。
(54) Suzuki, "The Rise of Summitry and EEC-Japan Trade Relations,"2014, pp.167-168.
(55) Cabinet Official Group on British Policy Towards Japan, 2 Feb 1982, CAB130/1198, TNA.
(56) Christoph Kendall, "The Elelemts of Consensus: Liberlising EC-Japan passenger car trade in the 1990s," in Jörn Keck, Dimitri Vanoverbeke, Franz Waldenberger (eds.), *EU-Japan Relations, 1970-2012: From confrontation to global partnership,* Routledge, 2013, p.228.
(57) 畠山襄『通商交渉』198-222頁。欧州委員会は「現地生産車の規制について明記したサイドレター」を通産省が「黙って」受け取るよう、交渉担当者に要求した。これが即刻拒否されると、今度は口頭で述べる規制台数を「黙認」するよう求め、これも通産省に口頭で却下されると、「もう少し婉曲な断り方をしてほしい」と食い下がった。日本車規制要求を掲げる欧州メーカーに対し、欧州委員会が気を使い、微妙な立場にあったことがわかる。
(58) Mason, "Elements of Consensus," pp.440-445.
(59) 畠山襄『通商交渉』208-222頁、田中俊郎『EUの政治』230頁。
(60) 欧州側の研究は、畠山等による日本側の研究とは逆に、1991年の合意は直接投資や現地生産車への規制に成功した、と分析している。Mason, "Elements of Consensus," December 1994, pp.444-452.
(61) Ibid.
(62) Note for General Secretary, Ford Dundee (Report to Unions), date not stated, MSS, 292E/85/638, MRCW.
(63) News from the TUC, Ford Dundee, 17 March 1988, MSS, 292E/85/638, MRCW.
(64) コータッツィ『日英の間で』233頁。
(65) コンティヘルム『イギリスと日本』229頁
(66) 田中素香、長部重康、久保広正、岩田健治『現代ヨーロッパ経済　第三版』409頁。
(67) コンティヘルム『イギリスと日本』181頁。
(68) 同書204頁。
(69) 高岸春嘉『日産の光と影』。
(70) 佐藤正明『日産　その栄光と屈辱』20頁。

(12) ウィッキンス『英国日産の挑戦』17-18 頁。
(13) 本書 147-148 頁。
(14) 「英国日産労使が単一組合協定結ぶ」『海外労働時報』第 100 号(1985 年 9 月)48-49 頁。
(15) 同書。
(16) 本書 93-94 頁、107 頁。
(17) 上杉治郎『日産自動車の失敗と再生』137 頁、140 頁。
(18) 佐藤正明『日産　その栄光と屈辱』246-297 頁。
(19) 川又克二追悼録編纂委員会『川又克二』213-214 頁、269 頁。
(20) To Len Murray, 3 Feb 1984, MSS, 292D/617/4, MRCW.
(21) 本書 92 頁。
(22) 『日本経済新聞』1986 年 5 月 15 日夕刊。
(23) 同書。
(24) 塚本は日産英国工場開業時に通産省からロンドンに出向していた。塚本弘『英国経済再活性化への挑戦』1987 年 2 月作成。
(25) Todd to Willis, 22 Sep 1986, MSS, 292D/617/4, MRCW.
(26) To Laird, 6 Mar 1986, MSS, 292D/617/4, MRCW; Grantham to Willis, 10 Feb 1986, MSS 292D/617/4, MRCW.
(27) To Moss Evans, 26 Oct 1978, MSS, 292D/617/2, MRCW.
(28) To Moss Evans, 13 Nov 1978, MSS, 292D/617/2, MRCW.
(29) ウィッキンス『英国日産の挑戦』12 頁。
(30) 同書 27 頁。
(31) 同書 28 頁。
(32) 同書 21 頁。
(33) 同書 182-183 頁。
(34) 同書 180-181 頁、コンティヘルム『イギリスと日本』175 頁。
(35) ウィッキンス『英国日産の挑戦』175-176 頁、コンティヘルム『イギリスと日本』181 頁。
(36) コンティヘルム『イギリスと日本』181 頁。
(37) 君塚直隆『女王陛下の外交戦略』296-297 頁。
(38) コンティヘルム『イギリスと日本』176 頁。
(39) 『日経産業新聞』1986 年 5 月 14 日。
(40) 『日本経済新聞』1986 年 5 月 10 日夕刊。
(41) 佐藤正明『日産　その栄光と屈辱』303 頁。
(42) 佐藤によれば、石原は『日経ビジネス』の記事「読者が選ぶベスト経営者・ワースト経営者」の両方に常連として名を連ねていた。佐藤正明『日産　その栄光と屈辱』302 頁。
(43) 『日本経済新聞』1986 年 5 月 13 日朝刊。
(44) 佐藤正明『自動車』178 頁。
(45) コンティヘルム『イギリスと日本』176-180 頁。
(46) 『日本経済新聞』1986 年 9 月 9 日朝刊。塚本氏も同様の現地報道を報告して

(378)『日経産業新聞』1986年9月10日。
(379) "Coke's perfect harmony goes flat," date and source not stated, MSS, 292E/85/667, MRCW.
(380) ジェンキン卿「魅力的で詳細な関係史」(コンティヘルム『イギリスと日本』)10頁。
(381) 同書9-10頁。
(382) Ferdinand Mount to PM, 23 Sep 1983, PREM19/1073, TNA.
(383) Lea to Murray, 2 Nov 1983, MSS, 292D/617/4, MRCW.
(384) ジェンキン卿「魅力的で詳細な関係史」(コンティヘルム『イギリスと日本』)9-10頁。
(385) 同書10-11頁。
(386) 同書10頁。
(387) コンティヘルム『イギリスと日本』174頁。
(388) 本書111頁。
(389) TUC Northern Region Council, Appendix 2 to Secretray's Report to be Presentation to the TUC Northern Regional Council Executive Committee, 26 March 1981, MSS, 292D/77/36, MRCW.
(390) 本書96-97頁。コンティヘルム『イギリスと日本』180頁。
(391) 本書96-97頁。
(392) TUC Northern Region Council, Minutes of Meeting of the Executive Committee, 28 March 1984, MSS, 292D/77/40, MRCW.
(393) Ibid.
(394) ウィッキンス『英国日産の挑戦』162頁。
(395)『日産自動車社史　1974-1983年』206頁。

第五章

(1) 『日産自動車社史　1974-1983年』206頁。
(2) *Financial Times*, 31 March 1984、コンティヘルム『イギリスと日本』175頁。
(3) ウィッキンス『英国日産の挑戦』24頁。
(4) 稲上毅『現代英国労働事情』25-29頁。
(5) 小川晃一『サッチャー主義』123-124頁、155頁。
(6) 内田勝敏編『イギリス経済』i頁、52-54頁、65-66頁。
(7) 宇都宮深志『サッチャー改革の理念と実践』198-201頁。
(8) 矢野弘典「英国の中の日本――現地法人における新日英方式による経営管理」『海外労働時報』第88号(1984年9月)1-3頁。
(9) 辻謙「国際化とは何か――日本人には頓智が必要」『海外労働時報』第92号(1985年1月)1-4頁。
(10) 「成功裏にある日系英国進出企業」『海外労働時報』第92号(1985年1月)58頁。
(11) 「英国日産労使が単一組合協定結ぶ」『海外労働時報』第100号(1985年9月)48-49頁。

PREM19/1073, TNA.

(349) Ibid.

(350) Parkinson to Lawson, 9 Sep 1983, PREM19/1073, TNA.

(351) Private Secretary to Spenser (DTI), 27 Sep 1983, PREM19/1073, TNA.

(352)『日経産業新聞』1986年9月10日。

(353) Ferdinand Mount to PM, 23 Sep 1983, PREM19/1073, TNA.

(354) Ibid.

(355) Secretary of State for Employment to Parkinson, 25 July 1983, PREM19/1073, TNA.

(356) DTI to PM, 16 Sep 1983, PREM19/1073, TNA.

(357) Parkinson to Lawson, 15 July 1983, PREM19/1073, TNA.

(358) Butler to Spenser, 8 July 1983, PREM19/1073, TNA.

(359) DTI to PM, 16 Sep 1983, PREM19/1073, TNA.

(360) 佐藤正明『日産　その栄光と屈辱』224-233頁。

(361) Lea to Murray, 2 Dec 1983, MSS, 292D/617/4, MRCW.

(362) Shioji to Evans, 25 Nov 1983, MSS, 292D/617/4, MRCW.

(363) Lea to Murray, 2 Dec 1983, MSS, 292D/617/4, MRCW.

(364) Lea to Murray, 2 Nov 1983, MSS, 292D/617/4, MRCW.

(365) Lea to Mountfield, 27 Jan 1984, MSS, 292D/617/4, MRCW.

(366) Lea to Murray, 2 Nov 1983, MSS, 292D/617/4, MRCW.

(367) Ibid.

(368) DTI to PM, 16 Sep 1983, PREM19/1073, TNA.

(369) Private Secretary to Spenser (DTI), 19 Sep 1983, PREM19/1073, TNA.

(370) Butler to Spencer, 18 July 1983, PREM19/1073, TNA.

(371) DTI to PM, 16 Sep 1983, PREM19/1073, TNA.

(372) 本書105-109頁。

(373) Butler to Spencer, 18 July 1983, PREM19/1073, TNA.

(374)『日産自動車社史　1974-1983年』205-206頁。Heads of Agreement between the Department of trade and Industry and the Nissan Motor Company Limited, 1 Feb 1984, MSS, 292D/617/4, MRCW; Nissan Motor Co. Ltd, "Nissan News: Press Statement on Nissan's Plan to Build a Car Plant in the United Kingdom," 1 Feb 1984, MSS, 292D/617/4, MRCW.

(375) 現地調達率が60%を超えた時点で日産英国工場製の車は英国車と定義され、輸出自主規制枠の外で販売できた。『日本経済新聞』1986年9月9日朝刊。

(376) 合意書に明記されていないが、当日テビットは発表において、SFAの提供に加えてRGDが日産に提供されると明言しており、合意書には控えめな数値しか明記されていない。DTI, "Statement on Nissan Project," 1 Feb 1984, MSS, 292D/617/4, MRCW.

(377) Nissan Motor Co. Ltd, "Nissan News: Press Statement on Nissan's Plan to Build a Car Plant in the United Kingdom," 1 Feb 1984, MSS, 292D/617/4, MRCW.

(317) DTI to PM, 16 Sep 1983, PREM19/1073, TNA.
(318) "Note for the Record," Butler, 18 July 1983, PREM19/1073, TNA.
(319) Foreign Policy Document No.116, Labour Unions in Japan, 26 June 1984, FO972/117, TNA.
(320) "Note for the Record," Butler, 18 July 1983, PREM19/1073, TNA.
(321) Foreign Policy Document No.116, Labour Unions in Japan, 26 June 1984, FO972/117, TNA.
(322) Ibid.
(323) 『第十三回定期大会議案書』1984年9月5日－7日、3434-7641, OISRH.
(324) 同書。
(325) 佐藤正明『日産　その栄光と屈辱』88-310頁、塩路一郎『日産自動車の盛衰』209-454頁。
(326) DTI, "Nissan Project and Regional Assistance Changes," 2 Sep 1983, PREM19/1073, TNA.
(327) Parkinson to Lawson, 9 Sep 1983, PREM19/1073, TNA.
(328) DTI, "Nissan Project and Regional Assistance Changes," 2 Sep 1983, PREM19/1073, TNA.
(329) Young to Turnbull (Private Secretary to PM), 17 Oct 1983, PREM19/1073, TNA.
(330) Thompson (DTI) to Turnbull, 13 Oct 1983, PREM19/1073, TNA.
(331) DTI, "Nissan Project and Regional Assistance Changes," 2 Sep 1983, PREM19/1073, TNA.
(332) Young to Turnbull, 17 Oct 1983, PREM19/1073, TNA.
(333) Thompson (DTI) to Turnbull, 13 Oct 1983, PREM19/1073, TNA.
(334) Lawson to Parkinson, 20 July 1983, PREM19/1073, TNA.
(335) Thompson (DTI) to Turnbull, 13 Oct 1983, PREM19/1073, TNA.
(336) DTI, "Nissan Project and Regional Assistance Changes," 2 Sep 1983, PREM19/1073, TNA.
(337) Ibid.
(338) Parkinson to Lawson, 9 Sep 1983, PREM19/1073, TNA.
(339) Cortazzi to DTI, 23 June 1983, PREM19/1073, TNA.
(340) DTI, "Nissan Project and Regional Assistance Changes," 2 Sep 1983, PREM19/1073, TNA.
(341) Parkinson to Lawson, 9 Sep 1983, PREM19/1073, TNA.
(342) Lawson to Parkinson, 12 Sep 1983, PREM19/1073, TNA.
(343) Lawson to Parkinson, 8 Sep 1983, PREM19/1073, TNA.
(344) Parkinson to Lawson, 9 Sep 1983, PREM19/1073, TNA.
(345) Lawson to Parkinson, 12 Sep 1983, PREM19/1073, TNA.
(346) DTI to Lawson, 28 Sep 1983, PREM19/1073, TNA.
(347) Parkinson to Lawson, 9 Sep 1983, PREM19/1073, TNA.
(348) DTI, "Nissan Project and Regional Assistance Changes," 2 Sep 1983,

(283) Ibid.
(284) Parkinson to Lawson, 15 July 1983, PREM19/1073, TNA; Butler to Spenser, 8 July 1983, PREM19/1073, TNA.
(285) Kawamata to Thatcher, 18 July 1983, PREM19/1073, TNA.
(286) "Note for the Record," Butler (FERB), 18 July 1983, PREM19/1073, TNA.
(287) Kawamata to Thatcher, 18 July 1983, PREM19/1073, TNA.
(288) Ibid.
(289) "Note for the Record," Butler, 18 July 1983, PREM19/1073, TNA.
(290) Ibid.
(291) Cortazzi to Butler, 18 July 1983, PREM19/1073, TNA.
(292) Howe to Butler, 18 July 1983, PREM19/1073, TNA.
(293) Thatcher to Kawamata, 20 July 1983, PREM19/1073, TNA.
(294) Kawamata to Thatcher, 18 July 1983, PREM19/1073, TNA.
(295) Thatcher to Kawamata, 20 July 1983, PREM19/1073, TNA.
(296) Butler to PM, 19 July 1983, PREM19/1073, TNA.
(297) Spenser (PS, DTI) to Butler (PS to PM), 19 July 1983, PREM19/1073, TNA.
(298) Ibid.
(299) Cortazzi to FCO, 16 June 1983, PREM19/1073, TNA.
(300) 川又会長はサッチャー首相に宛てた手紙を「私的なもの」としつつも、内容が貿易産業省の交渉チームおよびパーキンソンに周知されるよう望んだ。Butler to Spenser, 20 July 1983, PREM19/1073, TNA.
(301) DTI to PM, 3 Aug 1983, PREM19/1073, TNA.
(302) 本書 84-85 頁。
(303) Carter to Lea, 14 Sep 1982, MSS, 292D/617/3, MRCW.
(304) Motor Industry Study, Economic Committee, TUC, 13 Jan 1982, MSS, 292D/617/3, MRCW.
(305) Ibid.
(306) Ibid.
(307) Ibid. 本書 20 頁。
(308) Motor Industry Study, Economic Committee, TUC, 13 Jan 1982, MSS, 292D/617/3, MRCW.
(309) Ibid.
(310) Lea to Murray, 2 Nov 1983, MSS, 292D/617/4, MRCW.
(311) The All Nissan Motor Workers' Union of JAW (Jidosharoren), Our Position on the Project of Nissan to Invest in the UK, 18 Aug 1983, MSS, 292D/617/3, MRCW.
(312) Ibid.
(313) Ibid.
(314) Ibid.
(315) DTI to PM, 16 Sep 1983, PREM19/1073, TNA.
(316) "Note for the Record," Butler, 18 July 1983, PREM19/1073, TNA.

(246) PM to Esaki, 27 Jan 1983, PREM19/1073, TNA.
(247) Private Secretary to Holmes, 6 Jan 1983, PREM19/1073, TNA.
(248) Ibid.
(249) Howe to FCO, 15 June 1983, PREM19/1073, TNA. 佐藤正明『日産　その栄光と屈辱』147 頁。
(250) 佐藤正明『日産　その栄光と屈辱』118-119 頁。
(251) Cortazzi to FCO, 7 June 1983, PREM19/1073, TNA.
(252) Ibid.
(253) Cortazzi to FCO, 16 June 1983, PREM19/1073, TNA.
(254) Crotazzi to FCO, 14 June 1983, PREM19/1073, TNA.
(255) Cortazzi to FCO, 16 June 1983, PREM19/1073, TNA.
(256) Tokyo to London, 10 June 1983, PREM19/1073, TNA.
(257) AJC to PM, 14 June 1983, PREM19/1073, TNA.
(258) PM to Kawamata, 15 June 1983, PREM19/1073, TNA; Howe to FCO, 15 June 1983, PREM19/1073, TNA.
(259) Howe to FCO, 15 June 1983, PREM19/1073, TNA.
(260) Alty to Coles, 14 June 1983, PREM19/1073, TNA.
(261) Cortazzi to FCO, 16 June 1983, PREM19/1073, TNA.
(262) Thompson to Coles, 11 July 1983, PREM19/1073, TNA; Cortazzi to FCO, 16 June 1983, PREM19/1073, TNA.
(263) Cortazzi to FCO, 14 June 1983, PREM19/1073, TNA.
(264) Ibid.
(265) AJC to PM, 14 June 1983, PREM19/1073, TNA.
(266) Cortazzi to FCO, 16 June 1983, PREM19/1073, TNA.
(267) Ibid.
(268) Thompson to Coles, 11 July 1983, PREM19/1073, TNA.
(269) Coles to Spenser, 8 July 1983, PREM19/1073, TNA.
(270) Cortazzi to FCO, 16 June 1983, PREM19/1073, TNA.
(271) "Note for the Record," Butler, 18 July 1983, PREM19/1073, TNA.
(272) DTI, "Nissan Project and Regional Assistance Changes," 2 Sep 1983, PREM19/1073, TNA.
(273) Butler to Spenser, 8 July 1983, PREM19/1073, TNA.
(274) Ibid.
(275) 本書 98-99 頁。
(276) Parkinson to Lawson, 15 July 1983, PREM19/1073, TNA.
(277) Ibid.
(278) Ibid.
(279) Ibid.
(280) Ibid.
(281) Butler to Spenser, 8 July 1983, PREM19/1073, TNA.
(282) Ibid.

(208) Rhodes to Flesher, 18 Jan 1983, PREM19/1073, TNA; Private Secretary to Holmes, 6 Jan 1983, PREM19/1073, TNA..
(209) Cortazzi to FCO, 20 Jan 1983, PREM19/1073, TNA.
(210) Ibid.
(211) Ibid.
(212) Ibid.
(213) Mountfield to Lovell, 7 Jan 1982, T466/200, TNA.
(214) Holmes to Coles, 5 Jan 1983, PREM19/1073, TNA.
(215) Cortazzi to FCO, 22 Jan 1983, PREM19/1073, TNA.
(216) Ibid.
(217) Ibid.
(218) Cortazzi to FCO, 20 Jan 1983, PREM19/1073, TNA.
(219) Cortazzi to FCO, 22 Jan 1983, PREM19/1073, TNA.
(220) 本書60頁。
(221) コータッツィ『日英の間で』249頁。
(222) Cortazzi to FCO, 22 Jan 1983, PREM19/1073, TNA.
(223) Cortazzi to FCO, 20 Jan 1983, PREM19/1073, TNA.
(224) Cortazzi to FCO, 22 Jan 1983, PREM19/1073, TNA.
(225) Kawamata to PM, 17 Feb 1983, PREM19/1073, TNA; Spenser to Butler, 16 March 1983, PREM19/1073, TNA.
(226) Spenser to Butler, 16 March 1983, PREM19/1073, TNA.
(227) 本書87-88頁。
(228) Spenser to Butler, 16 March 1983, PREM19/1073, TNA.
(229) Ibid.
(230) Ibid.
(231) Ibid.
(232) Kawamata to Thatcher, 4 April 1983, PREM19/1073, TNA.
(233) Kawamata to Thatcher, 7 Dec 1982, PREM19/1073, TNA.
(234) Kawamata to PM, 17 Feb 1983, PREM19/1073, TNA.
(235) Spenser to Butler, 16 March 1983, PREM19/1073, TNA.
(236) Saunders to Butler, 4 Jan 1983, PREM19/1073, TNA.
(237) Spenser to Butler, 16 March 1983, PREM19/1073, TNA.
(238) Kawamata to Thatcher, 4 April 1983, PREM19/1073, TNA.
(239) PM to Kawamata, 18 March 1983, PREM19/1073, TNA.
(240) Kawamata to Thatcher, 4 April 1983, PREM19/1073, TNA.
(241) 佐藤正明『日産　その栄光と屈辱』134-137頁。
(242) 同書。
(243) 同書137-140頁。
(244) "Note for the Record," Butler, 18 July 1983, PREM19/1073, TNA.　佐藤正明『日産　その栄光と屈辱』137-140頁。
(245) 本書133-135頁、141-142頁。

pany, 19 Sep 1982, PREM19/822, TNA. 佐藤正明『日産　その栄光と屈辱』124-125 頁。

(187) Record of a conversation between PM and Chairman of Nissan Motor Company, 19 Sep 1982, PREM19/822, TNA. なお、設備のリースや建屋建設案をどちら側が先に提案したのか、真相は明らかではない。塩路会長をはじめ日産側の関係者にインタビューを重ねた佐藤は著書の中で、川又と塩路は、工場内の設備を全てリースする提案や、工場用地の無償提供案等、サッチャーが投げてきそうなクセ球や日産にとって好都合な進出条件を話し合ったが、結論はでなかった、と書いている。佐藤正明『日産　その栄光と屈辱』121-122 頁。

(188) Record of a conversation between PM and Chairman of Nissan Motor Company, 19 Sep 1982, PREM19/822, TNA.

(189) オースチンとモーリスはイギリスの自動車ブランドであり、1968 年に BL の傘下に入った。

(190) Record of a conversation between PM and Chairman of Nissan Motor Company, 19 Sep 1982, PREM19/822, TNA.

(191) Butler to Spenser, 19 Oct 1982, PREM19/822, TNA.

(192) Kawamata to Thatcher, 7 Dec 1982, PREM19/1073, TNA.

(193) PM to Kawamata, 6 Jan 1983, PREM19/1073, TNA; Saunders to Butler, 4 Jan 1983, PREM19/1073, TNA.

(194) Butler to Spenser, 17 Dec 1982, PREM19/1073, TNA.

(195)『日本経済新聞』1982 年 9 月 21 日朝刊。『朝日新聞』1982 年 9 月 21 日朝刊。

(196)『朝日新聞』1982 年 9 月 22 日朝刊。

(197) コータッツィ『日英の間で』254 頁。

(198) Note for the record, PM's Meeting with the President of Nissan, 19 Oct 1982, PREM19/822, TNA.

(199) Ibid.

(200) Ibid.

(201) TUC Northern Region Council, Secretray's Report for Presentation to the Executive Committee Meeting, 28 March 1984, MSS, 292D 77/40, MRCW.

(202) Tebbit to Joseph, 3 Apr 1981, PREM19/821, TNA. イギリス国内の複数労組が日産側と会談し、単一労組との団交を求める日産側の要求に理解を示した。ただし、1981 年 1 月末に緊急会見を開いた直後、保守党の訪日ミッションに TUC ウェールズの委員長（のみ）が同行したことから、他の開発地域の労組から反発が起きた。

(203) Note for the record, PM's Meeting with the President of Nissan, 19 Oct 1982, PREM19/822, TNA.

(204) Ibid.

(205) ジェンキン卿「魅力的で詳細な関係史」（コンティヘルム『イギリスと日本』）9 頁。

(206) 同書。

(207) 田中俊郎『EU の政治』225 頁。遠藤乾編『ヨーロッパ統合史』224 頁。

ject and Regional Assistance Changes," 2 Sep 1983, PREM19/1073, TNA.
(154) Thornton to Allan, 15 Feb 1982, T466/200, TNA.
(155) Chivers to Cheif Secretary, 12 Dec 1981, T466/200, TNA.
(156) Brittan to PM, 18 Dec 1981, T466/200, TNA.
(157) Scholar to Ellison, 21 Dec 1981, T466/200, TNA.
(158) 佐藤正明『日産　その栄光と屈辱』101 頁。
(159) Minutes of meeting, 15 Feb 1982, CAB130/1198, TNA.
(160) Cabinet Official Group on British Policy Towards Japan, 2 Feb 1982, CAB130/1198, TNA.
(161) Ibid.
(162) Ibid.
(163) 佐藤正明『日産　その栄光と屈辱』117-118 頁。
(164) 同書 118 頁。
(165) Cortazzi to FCO, 22 Jan 1983, PREM19/1073, TNA.
(166) サッチャー『回顧録（下）』63 頁。
(167) 本書 71-72 頁。
(168) 佐藤正明『日産　その栄光と屈辱』118-123 頁。
(169) 同書 118-119 頁。サッチャーは在京大使を通じて川又に対し「返礼としてお茶を贈りたい」と打診した。
(170) Butler to Spencer, 5 Oct 1982, PREM19/822, TNA.
(171) Spencer to Butler, 15 Oct 1982, PREM19/822, TNA.
(172)『日本経済新聞』1982 年 9 月 12 日朝刊。
(173)『日本経済新聞』1982 年 9 月 15 日朝刊。
(174) 佐藤正明『日産　その栄光と屈辱』119 頁。
(175) 同書 119-121 頁。
(176) 同書。
(177)『日本経済新聞』1982 年 9 月 17 日夕刊。
(178) 同書。
(179)『朝日新聞』1982 年 9 月 20 日朝刊。
(180) メキシコ工場視察との説もあるが、おそらく行先は重要ではない。
(181) 上杉は「来日を機に（サッチャー首相は）日産本社へ石原を訪ね、三顧の礼をつくして自国への工場誘致に頭を下げた」と書いているが、おそらく誤報である。上杉治郎『日産自動車の失敗と再生』142 頁。
(182) Record of a conversation between PM and Chairman of Nissan Motor Company, 19 Sep 1982, PREM19/822, TNA.
(183) 佐藤正明『日産　その栄光と屈辱』124 頁。
(184) Record of a conversation between PM and Chairman of Nissan Motor Company, 19 Sep 1982, PREM19/822, TNA.
(185) なお、貿易産業省はこれらの数値をそれぞれ 1500、200、24 としている。本書 116 頁。
(186) Record of a conversation between PM and Chairman of Nissan Motor Com-

ments and Future Prospects, 26 June 1984, FO972/117, TNA.
(123) Ibid.
(124) Minutes of a meeting of the Executive Committee, 30 April 1981, MSS, 292D/77/36, MRCW.
(125) Ibid.
(126) TUC Northern Region Council, Appendix 2 to Secretray's Report to be Presentation to the TUC Northern Regional Council Executive Committee, 26 March 1981, MSS 292D 77/36, MRCW.
(127) Minutes of a meeting of the Executive Committee, 30 April 1981, MSS, 292D/77/36, MRCW.
(128) Ibid.
(129) ウィッキンス『英国日産の挑戦』151-152 頁。
(130) 佐藤正明『日産　その栄光と屈辱』100 頁。
(131) 同書。
(132) 同書 123 頁。
(133) 石原俊『私と日産自動車』162-169 頁、202 頁。
(134) 佐藤正明『日産　その栄光と屈辱』100 頁。『日本経済新聞』1982 年 2 月 19 日夕刊。
(135) 同書 98 頁。
(136) DTI, "Nissan Project and Regional Assistance Changes," 2 Sep 1983, PREM19/1073, TNA.
(137) Ibid.
(138) PJ (DOI) to PM, 15 Dec 1981, T466/200, TNA.
(139) Ibid.
(140) Nissan Motor Co. Ltd., The Proposed Project of Inward Investment: Government Financial Assistance Required, Feb 1982, T466/200, TNA.
(141) Ibid.
(142) Ibid.
(143) Chivers to Allan, 22 Feb 1982, T466/200, TNA.
(144) 佐藤正明『日産　その栄光と屈辱』104-105 頁。
(145) 同書 105 頁。
(146) Chivers to Allan, 22 Feb 1982, T466/200, TNA.
(147) From Lea to Murray, 1 Dec 1982, MSS, 292D/617/3, MRCW.
(148) Foreign Policy Document No.116, Labour Unions in Japan, 26 June 1984, FO972/117, TNA.
(149) 本書 32-34 頁。
(150) PJ (DOI) to PM, 15 Dec 1981, T466/200, TNA.
(151) Tebbit to PM, 22 Dec 1981, T466/200, TNA.
(152) PJ (DOI) to PM, 15 Dec 1981, T466/200, TNA; Allan to Chief Secretary, 19 Jan 1982, T466/200, TNA.
(153) PM to Kawamata, 18 March 1981, PREM19/1073, TNA; DTI, "Nissan Pro-

(92) PJ (DOI) to PM, 12 Nov. 1981, T466/200, TNA.
(93) Allan to Lovell, 6 Jan 1982, T466/200, TNA.
(94) PJ (DOI) to PM, 12 Nov. 1981, T466/200, TNA.
(95) Ibid.
(96) Nissan Motor Co. Ltd., The Proposed Project of Inward Investment: Government Financial Assistance Required, Feb 1982, T466/200, TNA.
(97) Lovell to Chivers, 18 Nov. 1981, T466/200, TNA; Bruce-Gardyne to Chief Secretary, 13 Nov. 1981, T466/200, TNA.
(98) Jenkins to Chivers, 17 Nov, 1981, T466/200, TNA.
(99) Ibid.
(100) Mountfield to Secretary of State, 1 Oct. 1981, T466/200, TNA.
(101) Ellison to Scholar, 6 Jan 1982, T466/200, TNA.
(102) Lovell to Mountfield, 5 Jan 1982, T466/200, TNA.
(103) Ellison to Scholar, 6 Jan 1982, T466/200, TNA.
(104) コンティヘルム『イギリスと日本』173 頁。
(105) 同書。
(106) 同書。
(107) *Daily Telegraph,* 21 Aug. 1982、コンティヘルム『イギリスと日本』173 頁。
(108)「イギリス　労働組合の民主化に対する政府方針」『海外労働時報』第 101 号（1985 年 10 月）65-66 頁。
(109) イギリスの労使関係を調査した当時の証言として、「(在英日系企業における) ノーストライキ条項は会社の雰囲気であり、会社の雰囲気でストライキをやらなくなる」と表現している。「成功裏にある日系英国進出企業」『海外労働時報』第 92 号（1985 年 1 月）63 頁。しかしこのような（日本的で）抽象的な理解は、生産現場に立たないサッチャーのような部外者には正確に伝わらない危険が潜んでいたと推測できる。
(110)「イギリス　炭鉱スト終結」『労働時報』（1985 年 4 月号）36 頁。
(111) 同書。
(112) Mills to Cammell, 22 July 1980, BT177/2813, TNA.
(113) 佐藤正明『日産　その栄光と屈辱』99 頁。
(114) Terry Duffy to Ichiro Shioji, 28 July 1982, MSS, 292D/617/3, MRCW.
(115) 本書 86-87 頁。
(116) General Secretary to David Basnett (GMWU), 8 April 1981, MSS, 292D/617/3, MRCW; Tebbit to Joseph, 3 April 1981, T 466/200, TNA.
(117) Tebbit to Joseph, 3 April 1981, T 466/200, TNA.
(118) 佐藤正明『日産　その栄光と屈辱』99 頁。
(119) Terry Duffy to Ichiro Shioji, 28 July 1982, MSS, 292D/617/3, MRCW.
(120) Ibid.
(121) General Secretary to David Basnett (GMWU), 8 April 1981, MSS, 292D/617/3, MRCW; Tebbit to Joseph, 3 April 1981, T 466/200, TNA.
(122) Foreign Policy Document No.116, Labour Unions in Japan: Recent Develop-

292D/617/3, MRCW.
(56) 本書 68 頁。コンティヘルム『イギリスと日本』170 頁。
(57) DOI, 2 July 1981, T466/200, TNA.
(58) コンティヘルム『イギリスと日本』170 頁。
(59) 同書。
(60) TUC Northern Region Council, Secretray's Report for Presentation to the Executive Committee Meeting, 28 March 1984, MSS, 292D 77/40, MRCW.
(61) 本書 96-97 頁。
(62) コンティヘルム『イギリスと日本』171 頁。
(63) Japanese Inward Investment to the UK, without date, T466/200, TNA.
(64) Ibid.
(65) Ibid.
(66) Cammell to Mountfield, Annex A "Inward investment: Nissan," 14 July 1980, BT177/2813, TNA
(67) Jenkins to Lambirth, 2 Dec 1981, T466/200, TNA.
(68) コンティヘルム『イギリスと日本』171 頁。
(69) Mason to Tebbit, 13 July 1981, T466/200, TNA.
(70) 本書 79 頁。
(71) DOI to PM, 30 July 1981, T466/200, TNA.
(72) NT, DOI to PM, 30 July 1981, T466/200, TNA.
(73) Ibid.
(74) Ibid.
(75) Ibid.
(76) Private Secretary to Mason, 5 Aug 1981, T466/200, TNA; NT, DOI to PM, 30 July 1981, T466/200, TNA.
(77) Gowrie to Tebbit, 6 Aug 1981, T466/200, TNA.
(78) Ibid.
(79) Mountfield to Secretary of State, 1 Oct. 1981, T466/200, TNA.
(80) Ibid.
(81) Ibid.
(82) Ibid.
(83) Chivers to Chief Secretary, 13 Nov. 1981, T466/200, TNA.
(84) Ibid. 先述のように、欧州委員会内では自動車産業に対する補助金を禁じる議論が高まっていた。本書 69-70 頁。
(85) Ibid.
(86) Brittan to PM, without date, T466/200, TNA.
(87) Mountfield to Secretary of State, 1 Oct. 1981, T466/200, TNA.
(88) Allan to Chancellor, 7 Oct. 1981, T466/200, TNA.
(89) Mountfield to Secretary of State, 1 Oct. 1981, T466/200, TNA.
(90) PJ (DOI) to PM, 12 Nov. 1981, T466/200, TNA.
(91) Private Secretary to Ellison, 16 Nov. 1981, T466/200, TNA.

(22) コンティヘルム『イギリスと日本』172 頁。
(23) 同書。
(24) Bullock to Okuma, 11 Aug 1980, FV22/133, TNA.
(25) Lambirth to Chivers, Lovell and Chancellor, 26 Nov 1981, T466/200, TNA.
(26) Tebbit to Joseph, 3 April 1981, T466/200, TNA.
(27) Ibid.
(28) SMMT, "A study on the effect of the Nissan assembly plant in the UK on the British motor industry," 15 May 1981, T466/200, TNA.
(29) Ibid.
(30) Ibid.
(31) Ibid; Kosmin to Lambirth, 25 Nov 1981, T466/200, TNA.
(32) Kosmin to Lambirth, 25 Nov 1981, T466/200, TNA.
(33) SMMT, "A study on the effect of the Nissan assembly plant in the UK on the British motor industry," 15 May 1981, T466/200, TNA.
(34) DOI, 2 July 1981, T466/200, TNA.
(35) Kosmin to Lambirth, 25 Nov 1981, T466/200, TNA.
(36) DOI, 2 July 1981, T466/200, TNA.
(37) Ibid.
(38) Lambirth to Chivers, Lovell and Chancellor, 26 Nov 1981, T466/200, TNA.
(39) DOI, 2 July 1981, T466/200, TNA.
(40) 本書 72-73 頁。
(41) Robert Taylor, *The TUC: From the General Strike to New Unionism*, Palgrave, 2000, p.247.
(42) From the TUC for the Press, "Nissan," 29 Jan 1981, MSS, 292D/617/4, MRCW.
(43) "Motor Industry Study," Economic Committee, TUC, 13 Jan 1982, MSS, 292D/617/3, MRCW.
(44) Ibid.
(45) Aide Memoire of meeting on 13 April 1981, MSS, 292D/617/4, MRCW.
(46) Ibid.
(47) Ibid.
(48) Carter to Lea, 14 Sep 1982, MSS, 292D/617/3, MRCW.
(49) Motor Industry Study, Economic Committee, TUC, 13 Jan 1982, MSS, 292D/617/3, MRCW.
(50) Lea to Murray, 2 Nov 1983, MSS, 292D/617/4, MRCW.
(51) Extract from Economic Minutes, 13 Jan 1982, MSS, 292D/617/3, MRCW.
(52) Motor Industry Study, Economic Committee, TUC, 13 Jan 1982, MSS, 292D/617/3, MRCW.
(53) 本書 131-133 頁。
(54) Callaghan to Cooper, 10 Mar 1981, MSS, 292D/617/3, MRCW.
(55) The Iron and Steel Trades Confederation to Okuma, 5 Mar 1981, MSS,

(123)『日産自動車社史　1974–1983年』205頁。
(124) Tebbit to Joseph, 3 April 1981, T466/200, TNA.
(125) Pulvermacher to Owen, 29 July 1980, BT177/2813, TNA.
(126) Tebbit to Joseph, 3 April 1981, T466/200, TNA.
(127) 鈴木均「日欧貿易摩擦の交渉史」246-247頁。
(128) 同書。
(129) コータッツィ『日英の間で』278頁。サー・コータッツィは日本の輸出攻勢によって生じた失業数を約10万人と試算している。
(130) EP, "Working Documents 1980-1981, Trade Relations between the EEC and Japan," 3 June 1981, CM2, temporarily LR21360, Archive of the Council of the European Union（以下ACEU）。
(131) 本書102-104頁。
(132) Cortazzi to McLaren, 11 July 1980, FV22/133, TNA.
(133) Mountfield to Trenchard, 22 July 1980, BT177/2813, TNA.
(134) *Financial Times,* 21 April 1981、コンティヘルム『イギリスと日本』172頁。
(135) Transcript of Press Conference held on 29 Jan 1981, PREM19/821, TNA.

第四章

(1)『日産自動車社史　1974–1983年』377-378頁。
(2) 日産の海外戦略に対する批判的な分析として、佐藤正明『日産　その栄光と屈辱』、塩路一郎『日産自動車の盛衰』などを参照。日産工場の現地化については、ウィッキンス『英国日産の挑戦』を参照。
(3) 上杉治郎『日産自動車の失敗と再生』155頁。
(4)『日産自動車社史　1974–1983年』202-204頁。
(5) 佐藤正明『日産　その栄光と屈辱』66頁。
(6) Lovell to Mountfield, 5 Jan 1982, T466/200, TNA.
(7)『日産自動車社史　1974–1983年』204-205頁。
(8) 鈴木均「日欧貿易摩擦の交渉史」250-253頁。
(9) 上杉治郎『日産自動車の失敗と再生』145頁。
(10) Tebbit to Joseph, 3 April 1981, T466/200, TNA.
(11) Ibid.
(12) Mills to Mountfield, 24 July 1980, BT177/2813, TNA.
(13) RNE to Prime Minister, May 1981, PREM19/821, TNA.
(14) 佐藤正明『日産　その栄光と屈辱』134頁。
(15) Tebbit to Lankester, 1 June 1981, PREM19/821, TNA.
(16) 佐藤正明『日産　その栄光と屈辱』98-99頁。
(17) Butler to Spencer, 5 Oct 1982, PREM19/822, TNA.
(18) PJ to Prime Minister, 12 Nov 1981, PREM19/821, TNA.
(19) Tebbit to Lankester, 1 June 1981, T466/200, TNA.
(20) *Financial Times,* 29 May 1981.
(21) Tebbit to Lankester, 1 June 1981, T466/200, TNA.

(87) 佐藤正明『日産　その栄光と屈辱』95-96頁。
(88) To Prior, 16 Jan 1981, PREM19/821, TNA.
(89) Joseph to PM, 22 Dec 1980, PREM19/821, TNA.
(90) By Private Secretary, 25 Nov 1980, PREM19/821, TNA.
(91) 佐藤正明『日産　その栄光と屈辱』96頁。
(92) 同書97頁。
(93) 同書。
(94) By Private Secretary, 11 Dec 1980, PREM19/821, TNA.
(95) Joseph to Carrington, 24 Nov 1980, PREM19/821, TNA.
(96) Carrington to Secretary of State of Industry, 10 Nov 1980, PREM19/821, TNA.
(97) サッチャー『回顧録（上）』84-95頁。
(98) Mason to Lankester, 27 Jan 1981, PREM19/821, TNA.
(99) Transcript of press conference held on 29 Jan 1981, PREM19/821, TNA.
(100) By Private Secretary, 11 Dec 1980, PREM19/821, TNA; Worman (Industry Development Advisory Board), 22 Jan 1982, T466/200, TNA..
(101) Mason to Lankester, 27 Jan 1981, PREM19/821, TNA; DOI, 2 July 1981, T466/200, TNA.
(102) 佐藤正明『日産　その栄光と屈辱』91頁。
(103) Transcript of Press Conference held on 29 Jan 1981, PREM19/821, TNA.
(104) Ibid.
(105) Ibid.
(106) Ibid.
(107) Ibid.
(108) Cabinet Official Group on British Policy Towards Japan, 2 Feb 1982, CAB130/1198, TNA.
(109) Edwards to Joseph, 16 Feb 1981, PREM19/821, TNA.
(110) *Financial Times*, 8 April 1981.
(111) コンティヘルム『イギリスと日本』170頁。
(112) 佐藤正明『日産　その栄光と屈辱』117頁。
(113) 同書97頁。
(114) 同書91頁。
(115) 同書。
(116) 同書。フレーザーUAW会長の来日については、本書53-54頁。
(117) 佐藤正明『日産　その栄光と屈辱』92-93頁。
(118) "Note for the Record," Butler, 18 July 1983, PREM19/1073, TNA.
(119) Tebbit to Joseph, 3 April 1981, T466/200, TNA.
(120) Secretary of State for Employment to Joseph, 19 Jan 1981, PREM19/821, TNA.
(121) From the TUC for the Press, Nissan, 29 Jan 1981, MSS, 292D/617/3, MRCW.
(122) Morris to Walden, 3 Feb 1981, PREM19/821, TNA.

(55) Mills to Cammell, 22, July 1980, BT177/2813, TNA.
(56) Cammell to Trenchard, 10 Sep 1980, FV22/133, TNA.
(57) Bowder to Mountfield, 15 July 1980, FV22/133, TNA.
(58) コータッツィ『日英の間で』232 頁。
(59) Bowder to Mountfield, 15 July 1980, FV22/133, TNA.
(60) Cammell to Mountfield, 14 July 1980, BT/177/2813, TNA.
(61) Ibid.
(62) Ibid.
(63) Mills to Cammell, 22 July 1980, BT177/2813, TNA.
(64) Bell to Pirie, 14 Apr 1980, BT177/2813, TNA.
(65) Cammell to Mountfield, 15 July 1980, BT/177/2813, TNA.
(66) Owen to Mountfield, 25 July 1980, BT177/2813, TNA.
(67) Bridges to Carey, 3 July 1980, BT177/2813, TNA.
(68) Transcript of Press Conference held on 29 Jan 1981, PREM19/821, TNA.
(69) Owen to Mountfield, 25 July 1980, BT177/2813, TNA.
(70) Bridges to Carey, 3 July 1980, BT177/2813, TNA.
(71) Day to Mountfield, 29 July 1980, BT177/2813, TNA; Wilford to Carey, 3 July 1980, BT177/2813, TNA.
(72) Mountfield to Trenchard, 28 July 1980, BT177/2813, TNA.
(73) Bullock to Okuma, 11 Aug 1980, FV22/133, TNA.
(74) Bullock to Cammell, 26 Sep 1980, FV22/133, TNA.
(75) European Communities Regulation (EEC) No.2632/70, 23 Dec 1970, FV22/133, TNA.
(76) Bullock to Cammell,26 Sep 1980, FV22/133, TNA.
(77) Private Secretary to Hampson, 26 Aug 1980, PREM19/821, TNA.
(78) Mills to Cammell, 31 July 1980, BT177/2813, TNA.
(79) Dep. of Trade to Cammell, 12 Aug 1980, FV22/133, TNA.
(80) Cortazzi to McLaren, 11 July 1980, FV22/133, TNA.
(81) Report by Officials, "Proposed Investment in the UK by Nissan," 8 Dec 1980, PREM19/821, TNA.
(82) Pollock to Principal Private Secretary, 1 Dec 1981, T466/200, TNA; Owen to Mountfield, 25 July 1980, BT177/2813, TNA.
(83) フランスは 1988 年、英国産日産車の現地調達率を問題視し、「EC 製」と認めず「日本製」と見なす、と圧力をかけた。石川謙次郎『ヨーロッパ連合への道』217 頁。1991 年 7 月 31 日の日・EC 自動車合意については、田中友義他『ゼミナール 欧州統合』275-281 頁。本書 167 頁。
(84) Parkins to Botnar, 22 July 1980, FV22/133, TNA.
(85) Joseph to PM, 9 Dec 1980, CAB19/821, TNA. 佐藤は 10 月 18 日の提出時点での投資総額を 1420 億円と紹介している。佐藤正明『日産　その栄光と屈辱』95 頁。
(86) Joseph to PM, 9 Dec 1980, PREM19/821, TNA.

(22) 同書71頁。
(23) 同書59頁。
(24) コータッツィ『日英の間で』279頁。
(25) 佐藤正明『日産　その栄光と屈辱』93-94頁。
(26) 同書72頁。
(27) 同書。
(28) 『日経産業新聞』1981年2月9日。
(29) Conclusion of a Meeting of the Cabinet held at 10 Downing Street on 21 May 1981, CAB128/70, TNA.
(30) Conculsion of a Meeting of the Cabinet held at 10 Downing Street on 9 Apr 1981, CAB128/70, TNA.
(31) Mills to Mountfield, 24 July 1980, BT177/2813, TNA.
(32) 佐藤正明『日産　その栄光と屈辱』52頁。
(33) Note for record by Binning, 14 Nov 1977, FV22/133, TNA.
(34) Ibid.
(35) Mills to Mountfield, 24 July 1980, BT177/2813, TNA.
(36) Mills to Brocklebank-Fowler, 18 Mar 1980, FV22/133, TNA.
(37) Mills to Bowder, 8 Apr 1980, FV22/133, TNA.
(38) 本書19-20頁、25-26頁。
(39) Discussion Paper, Cammell to Mountfield, 14 July 1980, BT177/2813, TNA.
(40) Mills to Mountfield, 24 July 1980, BT177/2813, TNA.
(41) 佐藤正明『日産　その栄光と屈辱』94-95頁。
(42) 駐日大使を務めたコータッツィは「英国病」という言葉を使うことに抵抗している。コータッツィ『日英の間で』220頁。
(43) 佐藤正明『日産　その栄光と屈辱』95頁。
(44) 同書121頁。
(45) サッチャーに近く仕え、日産と接触したサー・ジェンキンは、最大の懸案事項がイギリス政府からの補助金と日産工場の現地調達率だったと証言している。ジェンキン卿「魅力的で詳細な関係史」(コンティヘルム『イギリスと日本』) 9頁。
(46) Cammell to Mountfield, Annex A “Inward investment : Nissan,” 14 July 1980, BT 177/2813, TNA; Mills to Mountfield, 24 July 1980, BT177/2813, TNA.
(47) オーウェン『帝国からヨーロッパへ』196頁。
(48) 鈴木均「初の「欧州アクター」だったのか?」242-246頁。
(49) Cammell to Mountfield, Annex A “Inward investment: Nissan,” 14 July 1980, BT177/2813, TNA.
(50) Ibid.
(51) 本書26頁。
(52) Mountfield to Trenchard, 22 July 1980, BT177/2813, TNA.
(53) Mills to Cammell, 31 July 1980, FV22/133, TNA.
(54) 本書52頁。

(38) 同書 38-39 頁。
(39) 同書 38-41 頁。
(40) 同書 42-43 頁。
(41) 同書 41 頁。
(42) 同書 14-15 頁。
(43) 同書 107-108 頁。
(44) 同書 109-115 頁。
(45) 『日産自動車社史　1974-1983 年』181-182 頁、195-197 頁。
(46) 佐藤は石原の経営判断を厳しく批判し、国内販売拡大の失敗を隠すために「ガラクタ」のようなプロジェクトを花火のように打ち上げた、と評している。佐藤正明『日産　その栄光と屈辱』15-16 頁。
(47) 同書 57 頁。
(48) 同書 65 頁。
(49) Discussion Paper, Cammell to Mountfield, 14 July 1980, BT177/2813, TNA.
(50) Cammell to Mountfield, Annex A "Inward investment: Nissan," 14 July 1980, BT177/2813, TNA.
(51) 佐藤正明『自動車』183-184 頁。

第三章

(1) 川北稔、木畑洋一編『イギリスの歴史』260-262 頁。
(2) 本書 36-37 頁。
(3) サッチャー『回顧録（上)』40 頁、42 頁、45 頁。
(4) 本書 70 頁。
(5) 本書 26-27 頁。
(6) Discussion Paper, Cammell to Mountfield, 14 July 1980, BT177/2813, TNA.
(7) Lovell to Mountfield, 5 Jan 1982, T466/200, TNA.
(8) Pirie to Ellison, 11 Mar 1980, FV22/133, TNA.
(9) コータッツィ『日英の間で』228 頁。
(10) 日産自動車株式会社調査部『21 世紀への道』238 頁
(11) 同書 249-250 頁
(12) 世界的に有名なルートリッジ社による日本研究シリーズ、Routledge Japanese Studies Series を研究成果として出版している。
(13) 佐藤正明『日産　その栄光と屈辱』94 頁。
(14) 同書 52 頁。
(15) 同書 66-67 頁。
(16) 同書 71 頁。
(17) 同書 68 頁。
(18) 同書 67-71 頁。
(19) 同書 56-57 頁。
(20) 同書 70 頁。
(21) 同書 56-57 頁。

(6) 同書536頁。オーウェン『帝国からヨーロッパへ』205頁。
(7) サッチャー『回顧録(下)』64-67頁。
(8) 波多野勝『明仁皇太子――エリザベス女王戴冠式列席伝』241-246頁。コンティヘルム『イギリスと日本』152頁。
(9) コンティヘルム『イギリスと日本』152-158頁。
(10) 同書154-155頁。
(11) 君塚直隆『女王陛下の外交戦略』324-328頁。
(12) 同書296-297頁。君塚直隆「エリザベス二世と戦後イギリス外交」157-159頁。
(13) 『朝日新聞』1975年5月9日朝刊。
(14) 安西巧『経団連――落日の財界総本山』145頁。
(15) 以下、女王のスピーチは『朝日新聞』1975年5月9日朝刊。
(16) 『朝日新聞』1975年5月9日朝刊。
(17) 『朝日新聞』1975年5月14日朝刊。
(18) 『朝日新聞』1975年5月9日夕刊。
(19) 『朝日新聞』1975年5月7日夕刊。
(20) 『朝日新聞』1975年3月27日朝刊。
(21) 『朝日新聞』1975年3月30日朝刊、5月12日朝刊。
(22) 『朝日新聞』1975年5月13日朝刊。
(23) 同書。
(24) 『朝日新聞』1975年5月12日夕刊。
(25) 『朝日新聞』1975年5月11日朝刊。
(26) 『朝日新聞』1975年5月12日夕刊。
(27) Report by the Central Policy Staff, The Future of the British Car Industry, Nov 1975, MSS 292D 617 1, Modern Records Centre, University of Warwick Library(以下MRCW)。
(28) Ibid.
(29) Ibid.
(30) 硬直的な賃金については、本書27頁を参照。
(31) 都丸潤子「戦後イギリス外交の多元重層化」7頁、10頁。
(32) オーウェン『帝国からヨーロッパへ』390頁
(33) 佐藤正明『日産　その栄光と屈辱』305-306頁。
(34) 同書118頁。
(35) サッチャーは首相就任後の1982年9月に訪日した際も、山梨県のロボット製造工場を見学した際、加工・組立用のロボットが次々と産業ロボットを組み立てる「無人の」生産現場に目を輝かせ、「静かで、工場ではないかんじ。エキサイティングです」(圏点は筆者)と感嘆の声をあげた。そのような静寂空間が何故どのようにエキサイティングなのか不明だが、サッチャーはよほど機嫌がよかったのか、「英国にこういう工場をつくってくれたら、お昼をおごりましょう」とも述べた。『朝日新聞』1982年9月20日朝刊。
(36) 佐藤正明『日産　その栄光と屈辱』305-306頁。
(37) 同書39頁。

(68)　同書。
(69)　同書 22-30 頁。
(70)　同書 51 頁。
(71)　同書 12 頁。
(72)　同書 25 頁。
(73)　『自動車総連結成大会議案書』1972 年 10 月 3 日・4 日、法政大学大原社会問題研究所（以下 3434-7641 OISRH）。
(74)　Foreign Policy Document No.116, “Labour Unions in Japan,” 26 June 1984, FO972/117, TNA.
(75)　佐藤正明『日産　その栄光と屈辱』10-11 頁。上杉治郎『日産自動車の失敗と再生』137 頁。上杉は塩路を「法皇」と呼んでいる。
(76)　『第一回自動車問題研究会報告書』1973 年 2 月 12 日、3434-7641, OISRH.
(77)　同書。
(78)　『第二一回中央委員会議案書』1979 年 7 月 25 日・26 日、3434-7641, OISRH.
(79)　『自動車総連結成大会議案書』1972 年 10 月 3 日・4 日、3434-7641, OISRH.
(80)　Foreign Policy Document No.116, “Labour Unions in Japan,” 26 June 1984, FO972/117, TNA.
(81)　日系メーカーの輸出によって影響を受けた（と推測される）輸出先国の雇用について総連が最初に言及したのは 1975 年だった。『第四回定期大会議案書』1975 年 9 月 10 日 -12 日、3434-7641, OISRH. 欧州諸国の雇用情勢について調査団の派遣を検討し始めたのは 1977 年だった。『第六回定期大会議案書』1977 年 9 月 6 日 -8 日、3434-7641, OISRH. 北米での現地生産要請については、『第七回定期大会議案書』1978 年 9 月 5 日 -7 日、および『第二十一回中央委員会議案書』1979 年 7 月 25 日・26 日、3434-7641, OISRH.
(82)　総連と IGM の最初の会合については、『第三期活動経過報告書』1975 年 9 月 10 日 -12 日、3434-7641, OISRH.
(83)　『第十八回中央委員会議案書』1978 年 8 月 8 日・9 日、3434-7641, OISRH.
(84)　『第一回自動車問題研究会報告書』1973 年 2 月 12 日、3434-7641, OISRH.
(85)　『第三回定期大会議案書』1974 年 9 月 5 日 -7 日、3434-7641, OISRH.
(86)　『第一回自動車問題研究会報告書』1973 年 2 月 12 日、および『第四回定期大会議案書』1975 年 9 月 10 日 -12 日、3434-7641, OISRH.
(87)　得本輝人「企業の多国籍化と労組の国際連帯―― IMF 自動車総連世界自動車協議会によせて」『海外労働時報』第 86 号（1984 年 7 月）1-3 頁。

第二章

（1）「私は信念の政治家、サッチャー元英首相語録」ロイター（2013 年 4 月 9 日）。
（2）　サッチャー『サッチャー回顧録（上）』46 頁。以下、『回顧録』と略記。なお、本書に引用するに際し過去形を現在形に改めたところがある。
（3）　同書 66 頁。
（4）　サッチャー『回顧録（下）』277 頁。
（5）　サッチャー『回顧録（上）』56 頁、74 頁。

(30) Bullock to Secretary of State, 23 June 1972, FV22/15, TNA.
(31) *Financial Times,* 14 May 1972.
(32) 『日産自動車社史　1964－1973』399 頁。
(33) 同書 162 頁。
(34) McKenzie to Moody, 8 June 1972, FV22/15, TNA.
(35) Ibid.
(36) Ibid.
(37) Dearing to Homan, 18 May 1972, FV22/15, TNA.
(38) Ibid.
(39) Preston to Homan, 12 June 1972, FV22/15, TNA.
(40) Twyman to Bullock, 26 June 1972, FV22/15, TNA.
(41) Powell to le Cheminant, 6 Dec 1972, BT/177/2813, TNA.
(42) Grundy to Irwin, 14 June 1972, FV22/15, TNA.
(43) Powell to le Cheminant, 6 Dec 1972, BT/177/2813, TNA.
(44) Draft for Secretary of State, "Inward Investment from Japan," 6 July 1972, FV22/15, TNA.
(45) Ivins to Prince, 2 Aug 1973, FV22/16, TNA.
(46) オーウェン『帝国からヨーロッパへ』196-202 頁。
(47) 同書 196-197 頁。
(48) 佐々木雄太、木畑洋一編『イギリス外交史』208 頁、川北稔、木畑洋一編『イギリスの歴史』258 頁。
(49) 成廣孝「イギリス」(網谷龍介、伊藤武、成廣孝編『ヨーロッパのデモクラシー』) 178-181 頁。
(50) コンティヘルム『イギリスと日本』8 頁。
(51) 同書 168-169 頁。
(52) 同書 2 頁、162-169 頁。
(53) 同書 8 頁、167 頁。
(54) ウィッキンス『英国日産の挑戦』4 頁。
(55) オーウェン『帝国からヨーロッパへ』186-187 頁。
(56) 佐藤正明『日産　その栄光と屈辱』10-11 頁。
(57) 上杉治郎『日産自動車の失敗と再生』178-179 頁。
(58) 同書 149 頁。
(59) 日経連の関与については、クランプ『日経連』113-117 頁。
(60) 川又克二追悼録編纂委員会『川又克二』343 頁。
(61) 同書 251 頁、264 頁。佐藤正明『日産　その栄光と屈辱』10-14 頁。
(62) 佐藤正明『日産　その栄光と屈辱』11 頁。
(63) 同書 22-30 頁。
(64) 同書 49-50 頁。佐藤正明『自動車』106 頁。
(65) 佐藤正明『日産　その栄光と屈辱』11-12 頁、49-50 頁。
(66) 同書 33-38 頁。
(67) 同書 50 頁。

(27) 同書。

第一章

(1) 『日産自動車グループの実態　2014 年版』12 頁、164 頁。
(2) 『日産自動車社史　1964－1973』154-156 頁。
(3) 『日産自動車社史　1974－1983 年』207 頁。
(4) 馬場亮四郎『日産の海外進出苦労物語』1-2 頁。
(5) 『日産自動車社史　1964－1973』159-160 頁。
(6) 同書 176 頁、178-182 頁。
(7) 同書 395 頁。
(8) 同書 160-163 頁。
(9) 同書。
(10) 同書 397 頁。
(11) 上杉治郎『日産自動車の失敗と再生』134 頁、157 頁。佐藤正明『日産　その栄光と屈辱』22 頁。
(12) Statistical Office of the European Communities, *Eurostat: General Statistics 1974 No.1-5,* Luxembourg, 1974, p.3.
(13) オーウェン『帝国からヨーロッパへ』195 頁。
(14) 同書 184-185 頁。
(15) 同書 192-196 頁。
(16) 同書。
(17) 同書。
(18) 貿易産業省は、1983 年の省庁再編の際に採用された名前であるが、本書では時期を問わず名称を貿易産業省に統一する。
(19) Brocklebank-Fowler to Joseph, 12 Feb 1980, FV22/133, The National Archives（以下 TNA）。
(20) Cammell to Mountfield, Annex A “Inward investment: Nissan,” 14 July 1980, BT 177/2813, TNA.
(21) オーウェン『帝国からヨーロッパへ』198-199 頁。
(22) Wilford to Carey, 3 July 1980, BT177/2813, TNA.
(23) 鈴木均「日欧貿易摩擦の交渉史」245-246 頁。
(24) Draft for Secretary of State, “Inward Investment from Japan,” 6 July 1972, FV22/15, TNA.
(25) Secretary of State, “Japanese Investment in the UK,” 19 Feb 1973, FV22/16, TNA.
(26) 渡邊頼純『GATT・WTO 体制と日本』60-62 頁。
(27) 英国外務省は 1968 年以降、外務英連邦省となったため、日本国外務省と区別するためにも、この呼称を使用する。日本国外務省は、外務省あるいは日本外務省と記載する。外務英連邦省については、小川浩之『英連邦』128-129 頁を参照。
(28) Powell to le Cheminant, 6 Dec 1972, BT/177/2813, TNA.
(29) Grundy to Irwin, 14 June 1972, BT/177/2813, TNA.

tions, 1970-2012: From confrontation to global partnership, Routledge, 2013.

(14) Mark Mason, "Elements of Consensus: Europe's Response to the Japanese Automotive Challenge," *Journal of Common Market Studies,* Vol.32, No.4, December 1994.

(15) 詳しい分析については本書 168-169 頁。

(16) 畠山襄『通商交渉』194-222 頁。Hook, et.al., *Japan's International Relations,* 2012, pp.117-119.

(17) 例外として、Hitoshi Suzuki, "Negotiating the Japan-EC Trade Conflict: The Role and Presence of the European Commission, the Council of Ministers, and Business Groups in Europe and Japan, 1970-1982," in Claudia Hiepel (ed.), *Europe in a Globalising World: Global Challenges and European Responses in the "long" 1970s,* Nomos, 2014; Hitoshi Suzuki, "The Rise of Summitry and EEC-Japan Trade Relations," in Emmanuel Mourlon-Druol, Federico Romero (eds.), *International Summitry and Global Governance: The rise of the G7 and the European Council, 1974-1991,* Routledge, 2014.

(18) 佐々木雄太、木畑洋一編『イギリス外交史』195-203 頁。

(19) 力久昌幸『イギリスの選択』、内田勝敏『イギリス経済』などを参照。細谷雄一編『イギリスとヨーロッパ』はイギリスとヨーロッパ（統合）との関係を 19 世紀から 21 世紀に至るまで、10 章に渡って通史的に扱っているが、その中で欧州経済統合の中心的な政策をイギリスが先導し実現させた事例は一つも挙がっていない。

(20) 鈴木均「日欧貿易摩擦の交渉史」252 頁。ベアリングについては、一度はアンチ・ダンピング課税が決定しながら、その後は保留扱いとなった。

(21) ワプショット『レーガンとサッチャー』5-7 頁、403-412 頁。改革を肯定的に紹介するものとして、小川晃一『サッチャー主義』、宇都宮深志『サッチャー改革の理念と実践』などを参照。

(22) 英語圏では、依然として彼女に対する批判が根強い。晩年「EC は戯言の上に築かれた究極の官僚主義」と罵倒し「イギリスは EC を脱退し、NAFTA（北米自由貿易協定）に加入するべき」と主張する彼女を、キャンベルは決して温かくない目線で描いている。John Campbell, *The Iron Lady: Margret Thatcher, from Grocer's Daughter to Prime Minister,* Penguin Books, 2011, pp.496-498. また、サッチャーが英国産業の立て直しに失敗した、との評価は、イギリス人による衰退論の中で繰り返し議論されている。リチャード・イングリッシュ、マイケル・ケニー編『経済衰退の歴史学』16 頁、91-92 頁、94-95 頁、119-120 頁。

(23) Tommasso Pardi, "Why Japanese carmakers have been struggling in Europe? Insights from the Nissan's FDI negotiations," paper presented at the 22nd International Colloquium of Gerpisa, *Old and New Spaces of the Automobile Industry,* Kyoto University, 6 June 2014.

(24) 英国労使関係の「日本化」については、本書 155-156 頁。

(25) コンティヘルム『イギリスと日本』。

(26) 同書 151-152 頁。

註

はじめに

（1）「サッチャー氏死去悼む声、続々　女王や首相ら」『時事通信』2013年4月8日。
（2） 鈴木均「日欧貿易摩擦とイギリス」99-100頁。
（3） 都丸潤子「序論　戦後イギリス外交の多元重層化」10頁。
（4） 鈴木均「日欧貿易摩擦の交渉史」245-246頁。

序章

（1） JETRO『EC経済記者団が見た新ニッポン事情』29頁。
（2） この寸評は拙稿で以前引用したが、この本のテーマにも合致するため、再度引用する。鈴木均「日欧貿易摩擦の交渉史」233-234頁。
（3） パトリック・ジェンキン卿「魅力的で詳細な関係史——推賞」（コンティヘルム『イギリスと日本』）6頁。
（4） ウィッキンス『英国日産の挑戦』1-2頁。
（5） 同書1-4頁。
（6） Philip Garrahan, Paul Stewart, *The Nissan Enigma: Flexibility at Work in a Local Economy,* Mansell Publishing, 1992; Dave Beale, *Driven by Nissan?: A Ciritcal Guide to New Management Techniques,* Lawrence and Wishart, 1994. これらは同じ時期に出版された対照的な2冊であり、前者は日産が北東イングランドで「唯一の」大企業であることから、地方経済に関わる意思決定を独占していると批判している（同書x-xi頁、24-25頁）。他方、後者は英国労組関係者にインタビューを重ねたうえで、日系企業は現地（労働者）の意見を汲み上げ、必ずしも英国労働運動の伝統を阻害しないものと描いている（同書32-34頁）。
（7） 日欧通商摩擦については、鈴木均「日欧貿易摩擦の交渉史」の他、大平和之「日本＝EU通商・経済関係」、中西輝政、田中俊郎、中井康朗、金子譲『なぜヨーロッパと手を結ぶのか』、田中友義、河野誠之、長友貴樹『ゼミナール・欧州統合』、石川謙次郎『EC統合と日本』などを参照。
（8） Glenn Hook, Julie Gilson, Christopher Hughes, Hugo Dobson, *Japan's International Relations: Politics, Economics and Security,* 3rd ed., Routledge, 2012, pp.282-283.
（9） 遠藤乾編『ヨーロッパ統合史』221-226頁。
（10） 佐藤正明『日産　その栄光と屈辱』、塩路一郎『日産自動車の盛衰』などを参照。
（11） 日産の米国進出計画については、佐藤正明『自動車』106頁。
（12） 高橋泰隆「日産自動車のヨーロッパ戦略」（高橋泰隆、芦澤成光『EU自動車メーカーの戦略』）252頁。
（13） Jörn Keck, Dimitri Vanoverbeke, Franz Waldenberger (eds.), *EU-Japan Rela-*

【ワ行】

【マ行】

【ヤ行】

【ラ行】

【ハ行】

【ナ行】

【サ行】

【タ行】

【カ行】

事項索引

【ア行】

【タ行】

【ナ・ハ行】

【マ行】

【ヤ・ラ行】

人名索引

著者紹介
鈴木　均（すずき・ひとし）
新潟県立大学国際地域学部准教授
1974年生まれ。2008年3月慶應義塾大学大学院法学研究科政治学専攻博士課程単位取得退学、2007年12月　European University Institute 歴史文明学科修了（Ph.D., History and Civilization）。専門は、国際関係論、欧州統合論、欧州統合史。
主要業績に、「日欧貿易摩擦の交渉史——アクターとしての労働組合・欧州委員会・域外パワー、1958-1978年」（遠藤乾・板橋拓己編『複数のヨーロッパ——欧州統合史のフロンティア』北海道大学出版会、2011年）、「日欧貿易摩擦とイギリス——自由貿易路線への回帰をもたらした日系企業誘致交渉　1973年－86年」（『国際政治　特集号：戦後イギリス外交の多元重層化』第173号、2013年6月）。

サッチャーと日産英国工場
誘致交渉の歴史　1973－1986年

2015年11月5日　初版第1刷発行

著　者　鈴木　均
発行者　吉田真也
発行所　合同会社 吉田書店
102-0072　東京都千代田区飯田橋2-9-6 東西館ビル本館32
TEL：03-6272-9172　FAX：03-6272-9173
http://www.yoshidapublishing.com/

装丁　折原カズヒロ
DTP　閏月社
印刷・製本　シナノ書籍印刷

定価はカバーに表示してあります。

ISBN978-4-905497-40-0